图解女装

TUJIE NÜZHUANG

鲍卫兵　编著

新板型处理技术(第二版)

XINBANXING CHULI JISHU

东华大学 出版社

·上海·

内 容 简 介

本书是女装最新的款式和板型变化,包括转省、新领型、新袖型、坯布试制等技术、方法和手法进行整理,采用结构图、款式图、尺寸表、裁片图的完整表达方式,列举了铅笔裤、大档裤、打底裤、连体裤、卫衣、泳装、扭结、小外披、耸肩袖、旋转袖等最新款式资料,是服装爱好者和公司打板师的最为实用参考资料。

图书在版编目(CIP)数据

图解女装新板型处理技术/鲍卫兵编著.—2版.—上海:东华大学出版社,2016.6

ISBN 978 - 7 - 5669 - 1019 - 6

Ⅰ.①图… Ⅱ.①鲍… Ⅲ.①女服—服装设计—图解 Ⅳ.①TS941.717-64

中国版本图书馆 CIP 数据核字(2016)第 049854 号

图解女装新板型处理技术(第二版)

编著/ 鲍卫兵

责任编辑/ 杜亚玲

封面设计/ 黄 翠

出版发行/ 东华大学出版社

　　　　　上海市延安西路 1882 号

　　　　　邮政编码:200051

网址/www.dhupress.net

淘宝旗舰店/dhupress.taobao.com

经销/ 全国新华书店

印刷/ 苏州望电印刷有限公司

开本/ 889mm×1194mm 1/16

印张/ 15.75 字数/ 550 千字

版次/ 2016 年 6 月第 2 版

印次/ 2016 年 6 月第 1 次印刷

书号/ ISBN 978-7-5669-1019-6/TS・690

定价/ 42.00 元

前　言

随着社会的快速发展，人们对服装穿着的要求越来越高，对服装文化的理解也发生了很大的变化，也开发出许多新的服装面料和服装品种。例如以女裤为例，除了原先的女西裤、牛仔裤、喇叭裤、窄脚裤，又有了新的铅笔裤、哈伦裤、打底裤、连体裤等新裤型，虽然这些裤型之间的变化非常细微，但完成后却是完全不同的效果。如果仅有传统的板型是远远不够的，而目前市面上的服装书籍，却仍停留在研究原型和基本演变方法方面，许多服装公司的板型师傅常常凭着自己的经验来处理，使纸样出现了许多不确定因素，增加了实际工作的难度。

本书编写过程中，收集、整理了大量工厂实际工作的图稿，尽可能做到款式新颖，样片齐全，资料完整。其中有风格独特的花瓣裙、大裆裤、韩版板型、婚庆风格款式、军旅风格款式、纽结款式、多褶款式、不对称款式、小外披、娃娃装款式、立体褶款式、收省袖、耸肩袖，以及多种变化的针织衫款式等内容，配有款式图、样片图和大量实物照片，是一部详实而直观的文本。

服装打板技术非常注重动手能力的训练，我们不用局限和束缚于固有的知识和见解，而应该最大限度的扩展思维，敏锐地吸取新的知识。只有注重动手能力和思维能力的培养和训练才能够从容而灵活地应对实际工作。

另外需要说明的是：

1. 本书中的尺寸规格均默认为中码，制图时没有加入收缩量和缩水率，请读者实际练习时根据具体情况加入相关数据。

2. 本书所有结构图使用了深圳布易科技有限公司的 ET 服装 CAD 软件，当裁片有两种或者两种以上属性的时候有两条或者两条以上布纹线，这样做是为了方便排料系统自动识别裁片。

鲍卫兵

2016 年 1 月 15 日

于深圳南山

目　　录

第一章　女装板型的概念

第一节　板型的概念

简单地说,"板"是样板,是指服装工业化生产过程中,从排料裁剪、试制样衣、审核修改、确认放码到批量生产的重要依据;而"型"是指服装产品由此产生美感的造型。

第二节　为什么要建立新板型

过去的服装旧板型,是以根据人体胸围和其它各部位之间存在一定的比例关系,在这种规律中加入一定限度的放松量来建立的一种基本理论和平面图形框架。近年来,随着社会的快速发展,及国外服装观念变化对我国服装的影响,人们对服装穿着的各方面要求越来越高,着装的习惯也发生了很大的变化,开发出许多新的服装面料和服装品种,已有的旧板型已经不能满足服装的生产和消费者的要求。因此,我们有必要顺应时代要求对旧板型进行革新。以女衬衫为例,旧板型的制图和处理方式,见图1-1。

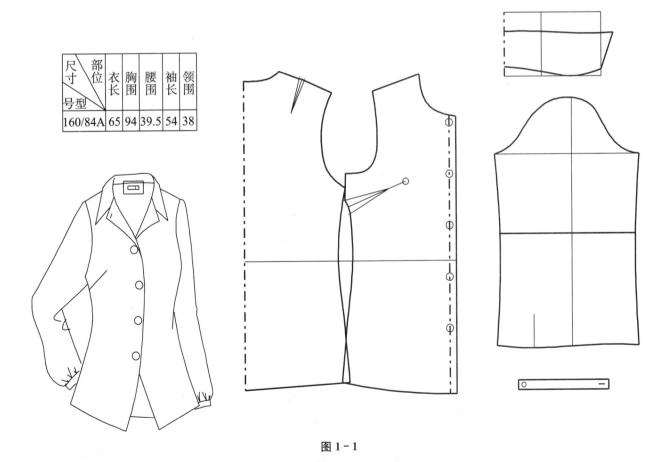

部位 尺寸 号型	衣长	胸围	腰围	袖长	领围
160/84A	65	94	39.5	54	38

图1-1

1

从上面这个结构图中,可以看到,它是由前片、后片、袖子、袖口、领子组成,其中前片设有胸省,后片设有后肩省,前、后都没有腰省,袖口收皱有袖衩,领子为两用领,整体尺寸是比较宽松的,如果采用一些新型的面料如色丁布、弹力布来制作,就会存在合体程度和结构方面的问题,而新的板型充分运用了服装与人体结构方面的新知识和新经验,充分考虑到新材料和时尚观念对产品效果的影响,通过尺寸设置,可以使它变成宽松型、合体型和紧身型,而通过面料颜色、质地、板型的细节部位的设计,又可以使它变成青春型、淑女型、职业装型,或者休闲型。

第三节　新板型的来源和依据

1. 上衣板型的来源和依据

上衣板型的依据,比较权威的,占主流的就是日本文化式原型,日本文化式原型是日本女子文化学院在收集了大量的人体数据后,通过大量的实验而发明出的一种服装原型,在这个原型基础上通过加、减数值的方式来绘制服装结构图,称为原型裁剪法。我国目前各服装高等院校都在使用和教学日本文化式原型。但是,我国最早从事服装工业生产、成衣出口的香港和深圳各个大小服装公司和工厂,却并不使用原型裁剪法,一代又一代的工厂师傅总结出一种可以在白纸上直接绘图,不需要在原型上加减数值的方法,这种方法更快速简便和务实,也更适合于工业纸样制作,为了区别原型裁剪法我们称作基本型制图法。它有以下特点:

（1）它是以标准中码的人体或者人体模型为依据,同时吸收了立体裁剪法的经验;

（2）直接易记,实用精确;

（3）和其它方法相兼容而不矛盾。

为了使大家能够真正明白基本型制图法的原理,我们先从衣身的基本结构来分析,把 M 码的人体模型上半身到臀围线的位置表皮揭下来,或者采用立体裁剪的方法,把前、后片各分成六块的裁片复制下来,再贴到硬纸上制成模板,见图1－2、图1－3。

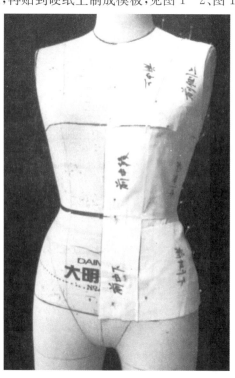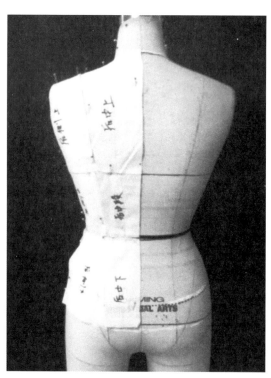

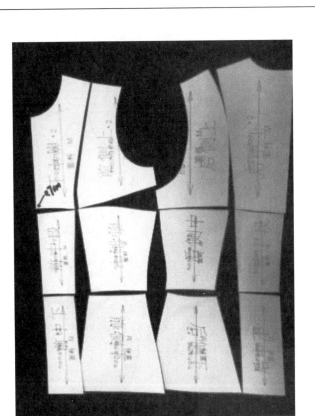

图 1-2

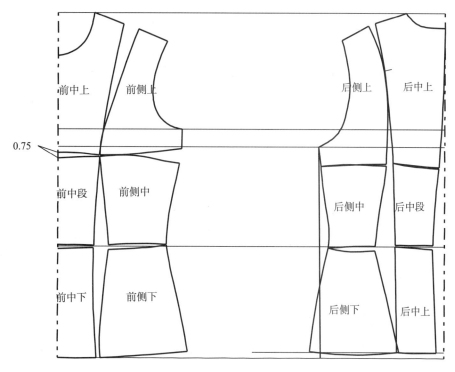

图 1-3

由于这个前、后片的两组模块是直接从人体模型上得来的,所以它所得到的数据也是精确的,为了更方便绘图,我们进行简单的整理:

(1) 加入必要的放松量;

(2) 合并前、后肩省,调整前、后肩斜;

(3) 调整了胸省量;

（4）原图的胸围线和腰围线并不在一条直线上，调整前、后片 位置使腰围线处于一条水平线上，见图1-4。

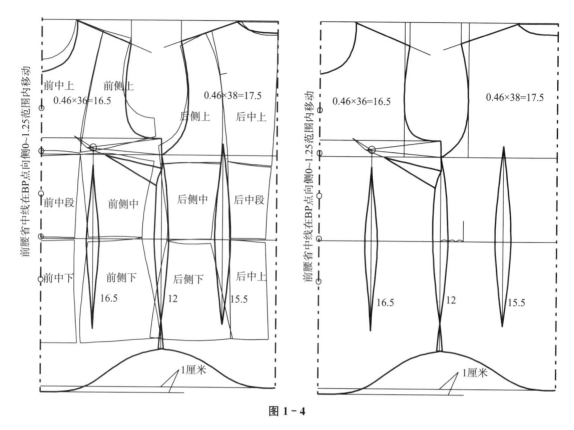

图 1-4

2. 下装板型的来源和依据

用同样的方法得到短裤的原始图形，见图1-5、图1-6。

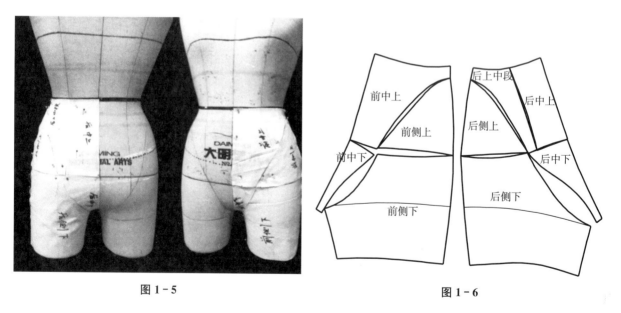

图 1-5

图 1-6

必要的整理：

（1）做了低腰处理；

（2）加入前、后腰省；

（3）把前裆切开一段，移到后裆，如图1-7。

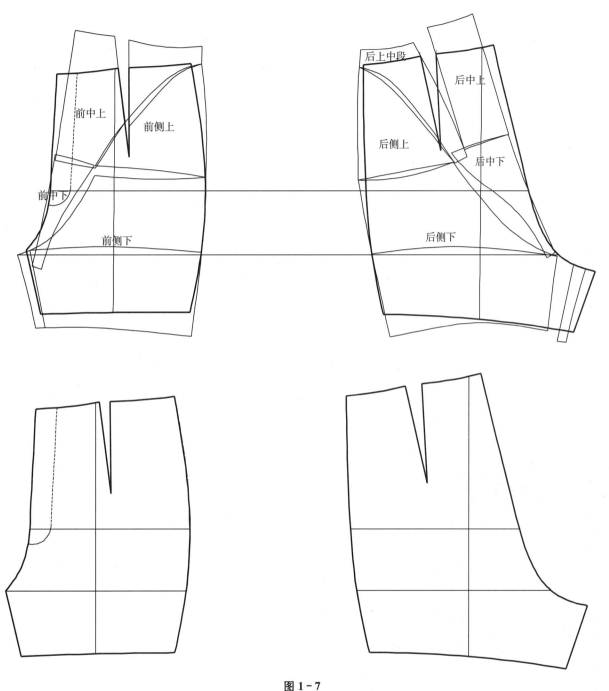

图1-7

第四节 学习打板技术的难点

在实际工作中，我们发现服装绘图中的线条有着不同的属性，我们把它分为结构线、轮廓线、对称线、辅助线、坐标线、多变线和造型线。

其中多变线，如腰节线、袖窿线、领深线、连身袖的袖底线，这些线条是灵活多变的。

还有的线条属于造型线，如门襟 下摆、口袋、驳头形状、领圈形状、领嘴形状等，这些部位线条的细微变化都会产生不同的效果。

不同的线条造型之间的差别非常细微，由于多变线和造型线充满了不确定性，如何把握多变线和造型线是服装打板的难点,它和纸样师的眼光、经验、审美观、艺术修养有很大关系,同样一个款式,同样的布料和尺寸,由不同的纸样师来完成,结果有的显得平庸、邋遢而毫无生气,有的则令人赏心悦目,充满神韵,这就是对多变线和造型线的理解和把握程度的差别。

第五节　内销服装和外贸服装在打板方面的区别

服装工业纸样总体上分为内销品牌和外贸出口服装,即通常所说的内单和外单。内单是以我国的标准体型为依据来打板,比较注重款式的合体性和细节部位的变化,而尺寸和工艺处理相对比较灵活。

而外贸出口服装不同的国家,他们的风格各不相同,其中:

韩国女装娟秀小巧,质感精良,注重配饰,突出个性,时尚感强;

日本女装以做工严谨和高品质著称,对工艺和细节处理精益求精。

外单又分为两种情况,第一种是国外的品牌服装公司,如美国 BCBG 品牌、歌力思品牌在中国的生产工厂,他们的设计稿上只有极少数的轮廓尺寸,各细节部位的尺寸是以本公司的专用人台来制作的,而这些生产工厂的技术人员由于长期从事这一品牌的生产和研究,已经积累了整套的尺寸变化系统和规律。

第二种外单为代加工性质,客户发送来的制单注明了各个细节部位的尺寸,有的甚至多达二三十种。这种形式的纸样制作时必须完全尊重客户的尺寸要求,有时出现和我们常规经验相违背的尺寸要求,我们仍然要寻求达到客户要求的方法和途径,这就是外单打板工作中所说的"调尺寸",即提供调节、互借、和凑数的方法来达到需要的尺寸。当然,如果是由于翻译、打印、书写而出现的错误,则应该和客户及时沟通并改正。

第六节　工业纸样的种类和作用

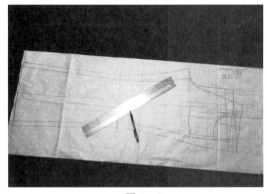

图 1-8

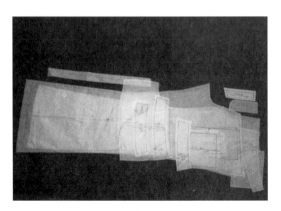

图 1-9

1. 底稿

底稿,也称草图,是服装的结构图,所有裁片都是在底稿上分离开再加上缝份做成的,有的裁片在分离过程中进行了省位转移、切开拉展、拉伸、直线图形处理、褶裥、加松量等打板手法的处理演变,见图1-8。

2. 头板纸样(复板纸样)

头板纸样是首次纸样,头板纸样需要做成样衣,头板往往存在一些缺陷,需要经过多次的修改、审核、确认后才能进入下一环节,见图1-9。

3. 放码纸样

放码是把基码纸样按照一定的档差放大和缩小成其它各码,是用牛皮纸或者鸡皮纸做成,见图1-10、图1-11。现在随着服装 CAD 技术的日渐普及,使用电脑放码的比较多。

4. 实样

实样,也称净样,小样,是服装批量生产过程中,对比较小和比较重要的裁片和部位进行控制的依据。因此,实样的正确性和准确性非常重要,必须要细心操作,认真校对,做到万无一失才能发送到生产车间。在制作实样时要注意:

（1）做实样所使用的硬纸板要事先进行缩水处理,并且硬纸板也有横纹和直纹的区别,要根据实际情况来确定应采用的纹路方向,如果批量生产的数量比较大,也可以用白铁皮做成实样,因为白铁皮可以重复使用而不会被磨损。

② 在制作实样之前,要校对毛样的各个部位是否吻合,刀口是否准确。

③ 制作挂面实样时要根据本公司的习惯,做成完全的净样或者留有部分缝边的净样。

④ 凡写有文字标注的一面均默认为正面。

⑤ 各码实样完成后要从小到大依次排列,检查各码的档差是否准确,同时还要检查各码上的文字,尺码是否正确。

⑥ 如果是左右对称的实样,要把实样展开检查重叠部位的线条是否圆顺。

⑦ 凡是需要包烫的使用,在裁剪时布料上不要打刀口,而是在包烫时再打刀口。

⑧ 一套完整的实样,除了有领、挂面、口袋、腰节、小襻,等实样外,还要有各码的下摆烫条、开袋样、口袋包烫样、口袋形状样、钮门点位样、口袋点位样、领架实样、省位样等,见图1-12。

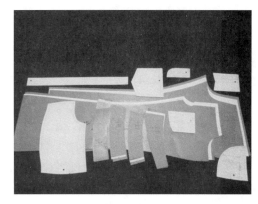

图 1 - 10

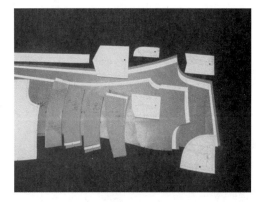

图 1 - 11

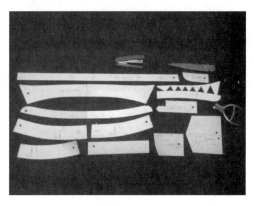

图 1 - 12

第七节　样衣的种类

（1）头板样衣:是指第一次做出的样衣。

（2）复板样衣:是指经过修改纸样后的第二次或者更多次试制的样衣。

（3）生产板样衣:是指确认试板并放好码,即将开始批量生产之前,由生产车间的员工来完成的样衣。这种样衣有时要求齐色齐码,就是不同颜色和不同号型都要各做一件样衣。

（4）影像板样衣:是指用来拍摄画册的样衣。

第二章　工业纸样的基本手法

工业纸样技术经过长期的实践、探索和优化,已经有了完整的材料、工具、计算方法和制图手法,其中有专用的打板白纸、唛架纸(排料图用纸)、放码纸、鸡皮纸和牛皮纸,有专用的放码尺、刀口钳,这里主要介绍打板常用的手法,这些手法在打板过程中经常会用到。

第一节　用直尺画曲线

使用直尺画曲线是打板的基本功,主要训练手和眼的协调和互动能力,使用时放码尺是向前推的,笔紧靠着虎口,遵循"尺动笔不动,笔动尺不动"的原则,在熟练掌握控制尺和笔的微动力量后就可以自由运用了,见图2-1。

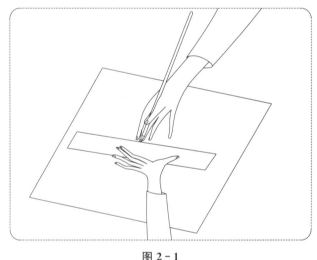

图 2-1

第二节　计算方式用厘米和英寸相结合

受国外服装的影响,很多服装公司和工厂仍然使用英寸作为度量单位,也有的使用厘米和英寸相结合来作为度量单位,实际上我们使用的放码尺就是一边为厘米另一边为英寸的设计。

由于英寸是八进制运算的,我们平常使用的计算器和有的电脑不能直接输入分数,所以需要把英寸转化为小数才能进行计算:

1/8转化成小数为0.125,在此可以把/号看作除号,1/8即1除以8=0.125,同样的原理:

1/4=0.25;

3/8=0.375;

1/2=0.5;

5/8=0.625;

3/4=0.75;

7/8=0.875;

英分和厘米之间的切换(由于厘米和英寸之间的换算并不是完全相等的,所以这里以'≈'符号来表示):

1/8″≈0.3cm

2/8″＝1/4≈0.6cm

3/8″≈0.9cm

4/8″＝1/2≈1.25cm

5/8″≈1.6cm

6/8″＝3/4≈1.9cm

7/8″≈2.2cm

1″≈2.54cm

半英分写作 1/16,用小数表示为 0.0625。

当在计算过程中出现两个英分之间的数值时就可以看成半英分。

例如:15′3/8÷2≈7.687 ,而 0.687 是介于 0.625 和 0.75 之间的,就可以看成 7 11/16″

一英分半写作 1/16″≈0.15cm;

　　　　　　3/16″≈0.47cm;

　　　　　　5/16″≈0.79cm;

　　　　　　7/16″≈1.11cm;

　　　　　　9/16″≈1.42cm;

　　　　　　11/16″≈1.74cm;

　　　　　　13/16″≈2.06cm;

　　　　　　15/16″≈2.38cm;

第三节　常用制图手法

1. 省道延长(见图 2－2)

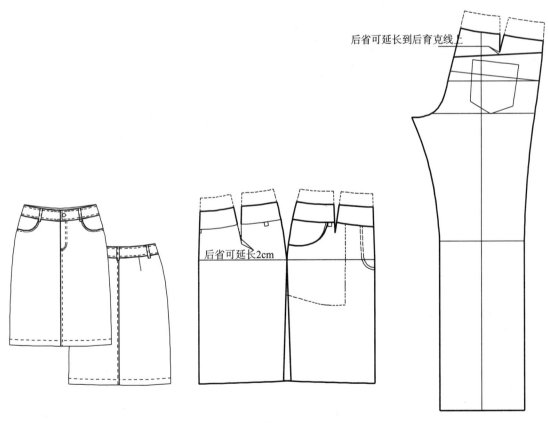

图 2－2

2. 切开拉展(单侧切展和平行切展)

切开拉展(简称切展)是我们常用的打板手法之一。实际工作中又分为单侧切展和上下切展。

(1) 单侧切展(图 2 - 3、图 2 - 4)。

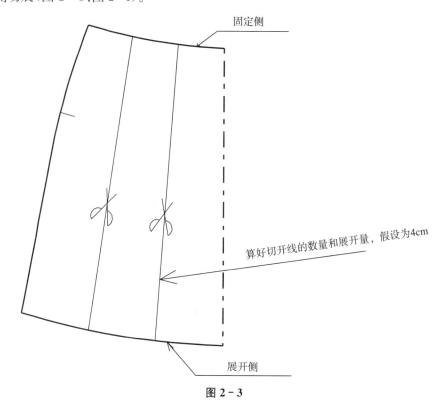

固定侧

算好切开线的数量和展开量，假设为4cm

展开侧

图 2 - 3

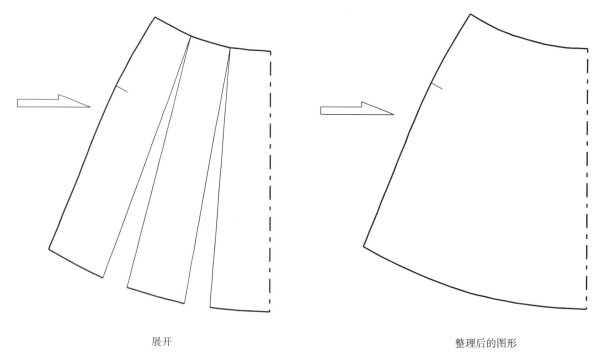

展开

整理后的图形

图 2 - 4

（2）上下切展（图2-5、图2-6）

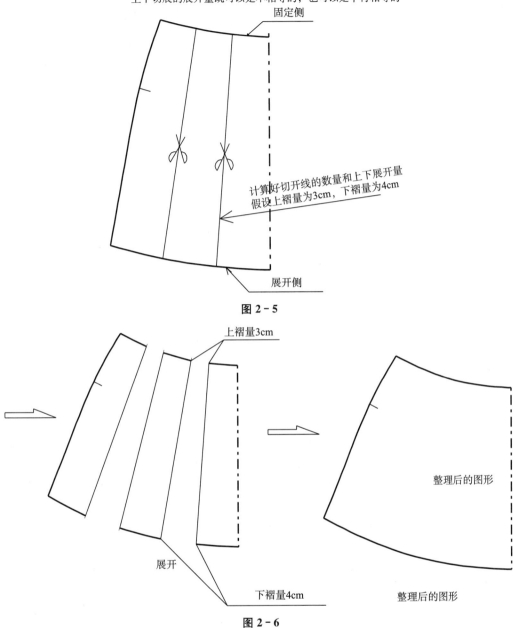

上下切展的展开量既可以是不相等的，也可以是平行相等的
固定侧

计算好切开线的数量和上下展开量
假设上褶量为3cm，下褶量为4cm

展开侧

图2-5

上褶量3cm

展开

下褶量4cm

整理后的图形

整理后的图形

图2-6

3. 拉伸

（1）平移拉伸（图2-7）

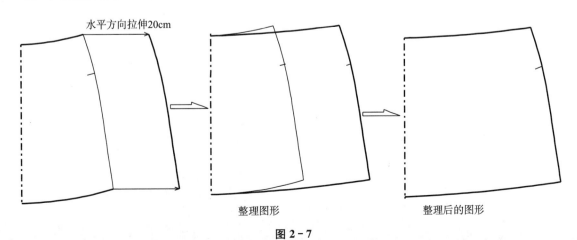

水平方向拉伸20cm

整理图形

整理后的图形

图2-7

（2）顺延拉伸（图 2 - 8）

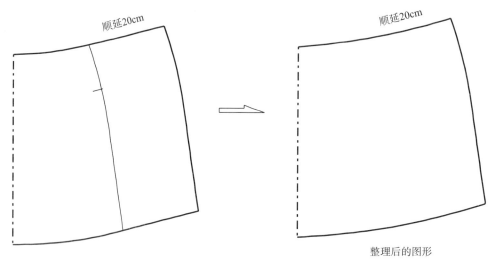

图 2 - 8

4. 直线图形处理（图 2 - 9）

图 2 - 9

5. 加入省

加入省是指在没有省的裁片上加入省道,这个省道既有实用功能,也有装饰功能,见图 2－10、图 2－11。

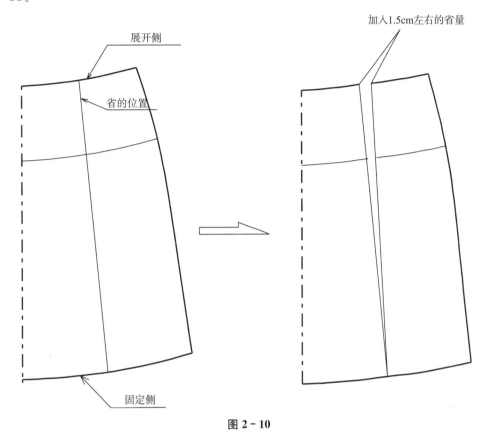

图 2－10

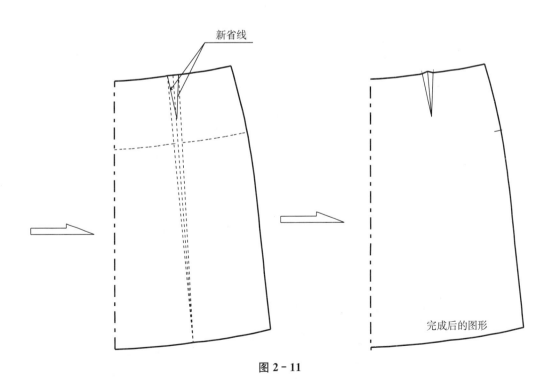

图 2－11

6. 加入褶

加入褶的方法和加入省非常相似,只是没有省尖。在实际工作中,褶的种类又分为倒褶、对褶、压线褶和褶加皱组合。

（1）倒褶（图 2-12、图 2-13）

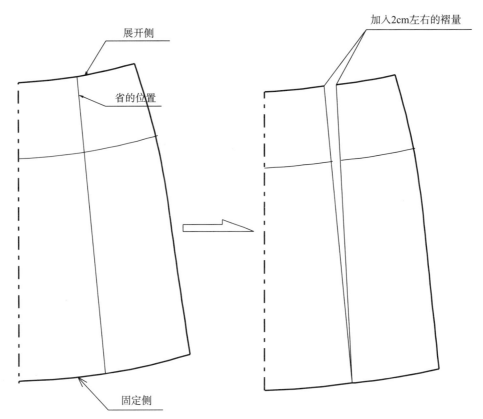

图 2-12

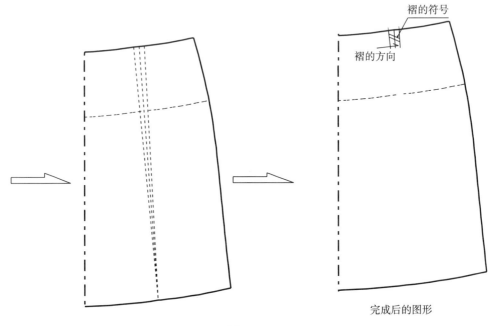

完成后的图形

图 2-13

（2）对褶，又称"工"字褶（图2-14）

（3）倒褶（图2-15）

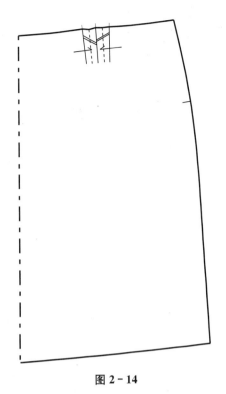

图2-14

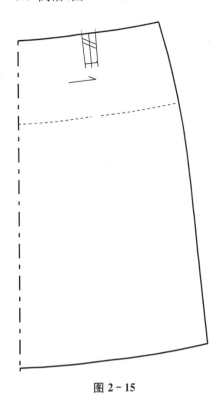

图2-15

（4）压线褶（图2-16）

（5）褶加皱的组合（图2-17）

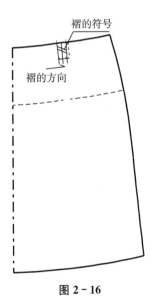

褶的符号

褶的方向

图2-16

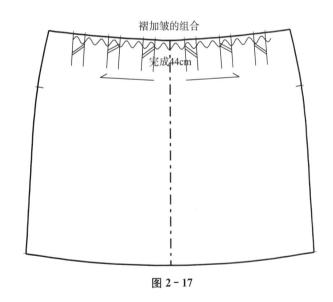

褶加皱的组合

完成44cm

图2-17

第四节　女下装口袋布的形状和尺寸

（1）普通袋布的形状（图2-18）

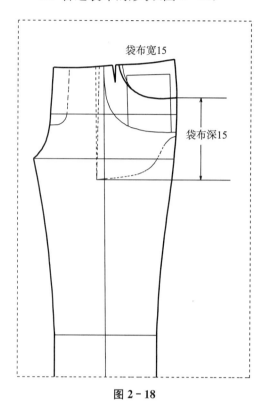

袋布宽15

袋布深15

图 2 - 18

（2）连接到前裆的口袋布（图2-19）

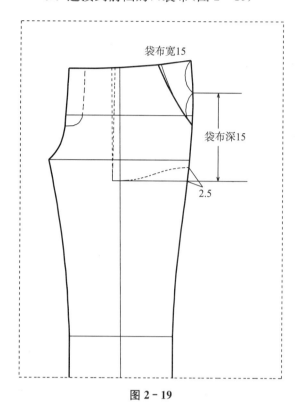

袋布宽15

袋布深15

2.5

图 2 - 19

（3）斜口袋（图2-20）

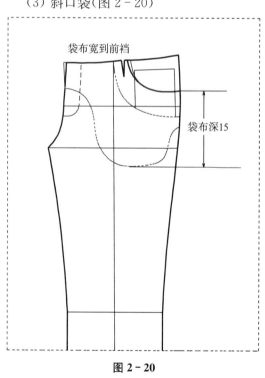

袋布宽到前裆

袋布深15

图 2 - 20

（4）后袋的形状和尺寸（图2-21）

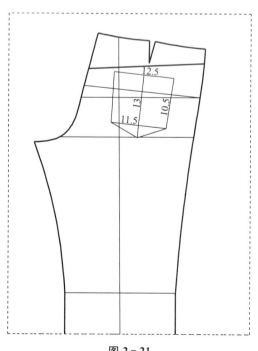

12.5

13　10.5

11.5

图 2 - 21

第五节　人体净尺寸和规格

见表2-1和图2-22、图2-23。

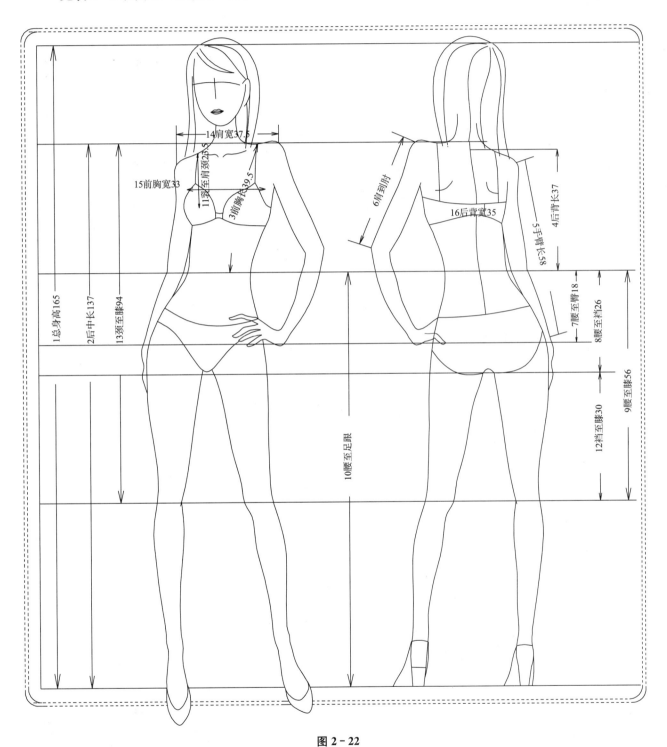

图2-22

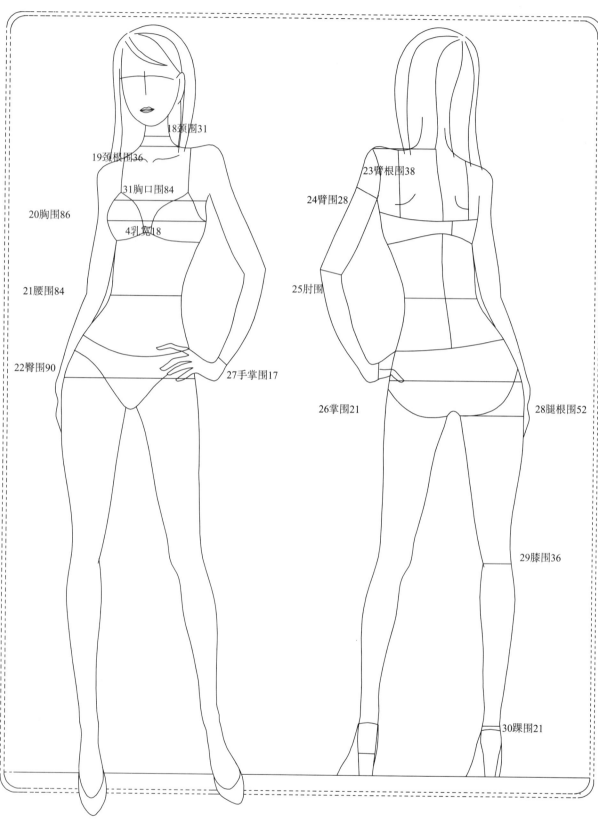

18颈围31

19颈根围36

31胸口围84

20胸围86

4乳窝18

21腰围84

22臀围90

27手掌围17

23臂根围38

24臂围28

25肘围

26掌围21

28腿根围52

29膝围36

30踝围21

图 2 - 23

表 2－1　人体净尺寸

	高（长）度			宽度			围度	
1	总身高	165	14	肩宽	37.5	18	颈围	31
2	后中长	137	15	前胸宽	33	19	颈根围	36
3	前胸长	39.5	16	后背宽	35	20	胸围	86
4	后背长	37	17	乳宽	18	21	腰围	84
5	手臂长	58				22	臀围	90
6	肩至肘	29				23	臂根围	38
7	腰至臀	18				24	臂围	28
8	腰至裆	26				25	肘围	24
9	腰至膝	56				26	掌围	21
10	腰至足跟	100				27	手腕围	17
11	乳至肩颈	23.5				28	腿根围	52
12	裆至膝	30				29	膝围	36
13	颈至膝	94				30	踝围	21
						31	胸口围	84

在表 2－1 中,可以看到人体部位尺寸的规律:

(1) 臀围比胸围大 4～5cm。

(2) 袖窿尺寸的设置规律:

当胸围在 100cm 之内,袖窿是胸围尺寸的一半减去 1cm;

如果是无袖的款式,袖窿的尺寸是胸围尺寸的一半减去 3cm;

当胸围等于或者大于 100cm 时,袖窿是胸围尺寸的一半,如果是无袖的款式可以更小一些。

(3) 以上均为基本型 M 码参考尺寸,特殊时装款式将有所变化。

(4) 袋口的尺寸,不论圆形袋口还是斜插袋,长度都要能放进手掌,还要有一定的松量,一般在 12～14cm 之间,最下的钮扣位置要考虑到手臂的长度。(5) 五分袖要尽量避开肘关节部位,五分裤要尽量避开膝关节部位。

第六节　女装规格设置

由于工业纸样是以标准人体作为基码来设置尺寸进行打板的,所以在设置总体尺寸时并不需要像量体裁衣那样去记忆净尺寸以外的放松量,只需记住几个主要款式的 M 码尺寸就可以了,表 2－2 为女装规格常用标准。

表 2－2　女装规格常用标准　　　　　　　　　　　　　　　　单位:cm

部位	长袖衬衫	短袖衬衫	西装	连衣裙	背心	风衣	棉衣	弹力针织衫	档差
后中长	圆摆 64 平摆 56	圆摆 64 平摆 56	62	85	52	85	64	54	1～1.5
胸围	92	92	95	91	94	96	100	78～84	4
前胸宽	33	33	34.2	32.6	33.8	34.6	36		1
后背宽	35	35	36.6	34.6	35.6	37	38.4		1
腰围	75	75	78	73	78	82	86	74	4

续表

部位	长袖衬衫	短袖衬衫	西装	连衣裙	背心	风衣	棉衣	弹力针织衫	档差
臀围				93		100	104		4
摆围	96～97	96～97	98			125		86	4
肩宽	37.5	37.5	38.5	36～37	35	40	40.5	35	1
袖长	58	14～20	58～62			60～62	60～62	57	1
袖口	20	30.5	25.5			26	27～30	18	长袖袖口 1 短袖袖口 1.5
袖肥	32	32	34～35			36～38	37～40	29	1.5
袖窿	45	45	46.5	44.5	46	47	50	38～41	2
领围	38～40	38～40							1

部位	女西裤(平腰)	合体裤(平腰)	低腰裤	中裙	档差
外侧长	102	100	100	38～57	0.6～1
腰围	68	68	71～77	68	4
臀围	93	90	90～93	93	4
腿围					2
膝围	45	42	42		1.5
脚口	44	41	44		1
前裆	26(不连腰)	34.5(不连腰)	24～21(连腰)		0.6
后裆	36(不连腰)	35(不连腰)	35～32(连腰)		0.6
立裆深	25.5	24.5			0.6

第三章　女裙新板型

第一节　女裙的三种基本型

一、双省裙基本型

单位：cm

制图部位	制图尺寸
外侧长（连腰）	57
腰围	68
臀围	94
腰宽	3

双省裙的特征表现为前、后片的每一边都是两个腰省，由于摆围比较小的缘故，在后下摆有开衩，后中破缝装拉链，下摆采用暗线挑脚的方式处理，见图3-1～图3-4。

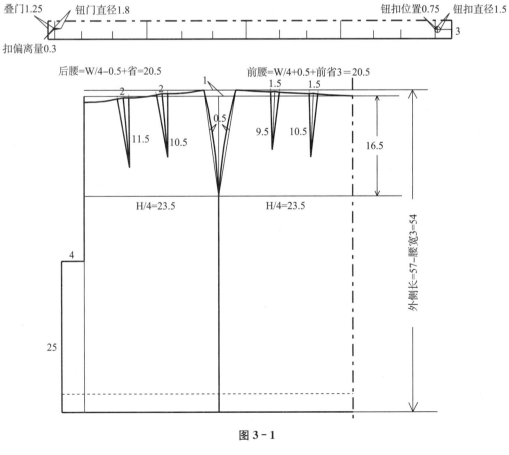

图3-1

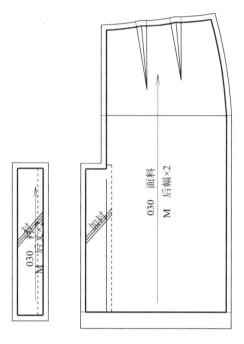

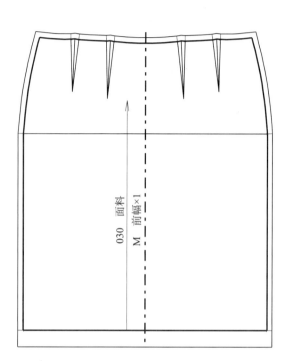

面布

图3-2 布

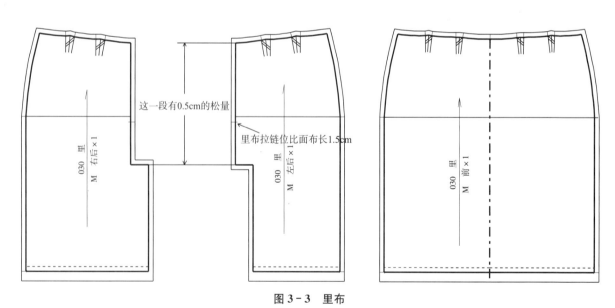

图3-3 里布

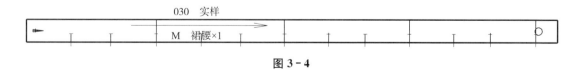

图3-4

女裙结构分析:

1. 什么是省?

省,也称省道和省位,即"省去"的意思,由于人体是多曲面的立体形状,而覆盖于人体的布料是平面的,如果想把平面的布料做成立体的形状,就必须设置省道,只有在制作宽松的服装时才可以不考虑设置省。设置省应遵循以下几个原则:

(1)省可以在裁片内移动位置,或者用其它的方式进行分散、隐藏和转化,但是省的总量不变。

(2)省可以移动不可切除。

2. 开衩

后衩位置可以确定在臀围线下15cm处,为了使后衩齐、挺括,开衩位置要加黏合衬。另外,也有的款式把衩开在侧缝或者前中。

3. 裙子长度的变化

裙子的长度和具体的款式、低腰程度以及不同的客户要求有关,一般情况下,确定在38~57cm,特殊情况下会有所变化。

二、单省裙基本型

单位: cm

制图部位	制图尺寸
外侧长(连腰)	57
腰围	75
臀围	94
腰宽	4.5

单省裙的特征为:前、后片的每一边各设一个省,下摆向外扩展开,可以不开衩,右侧(或者左侧)装隐形拉链。

需要注意的是:单省裙的下摆尺寸可以根据具体的款式和要求在一定范围内进行适当调节,见图3-5、图3-6。

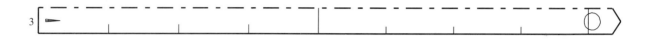

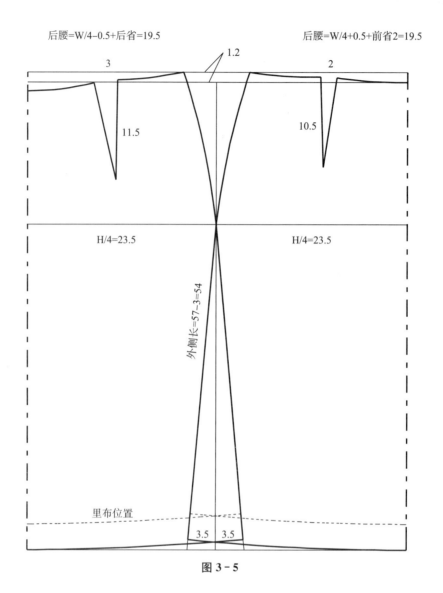

后腰=W/4-0.5+后省=19.5　　　　　　　　后腰=W/4+0.5+前省2=19.5

1.2

3　　　　　　　　2

11.5　　　　　　10.5

H/4=23.5　　　　　　H/4=23.5

外侧长=57-3=54

里布位置

3.5　3.5

图 3-5

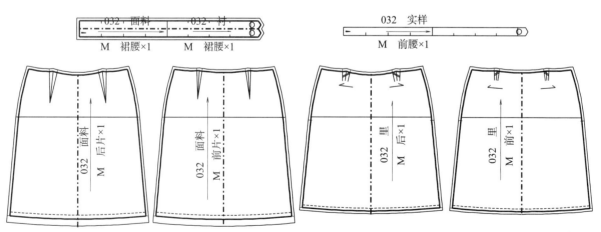

032 面料　　　032 衬　　　　　032 实样
M 裙腰×1　　M 裙腰×1　　　　M 前腰×1

032 面料　M 后片×1　　032 面料　M 前片×1　　032 里　M 后×1　　032 里　M 前×1

图 3-6

三、无省裙基本型

无省裙结构简洁明快,不分前、后片和前、后腰。无省裙的下摆和单省裙的原理一样,在一定范围内是可以调节的,见图3-7~图3-12。

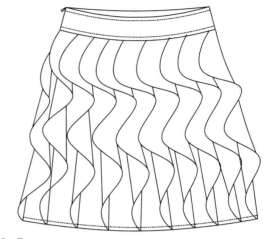

单位:cm

测量部位	尺寸	档差
外侧长(连腰)	37	1
腰围	75	4
臀围	93	4
脚围	112	4
腰宽	4.5	0

图3-7

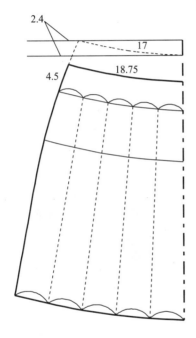
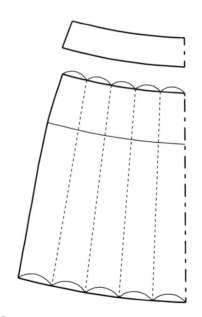

图3-8

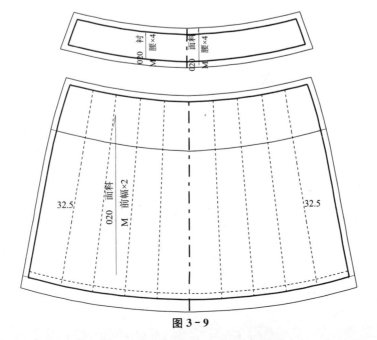

图3-9

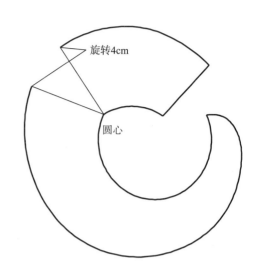

以32.5/6.28+1=6.1为半径画圆

图 3－10

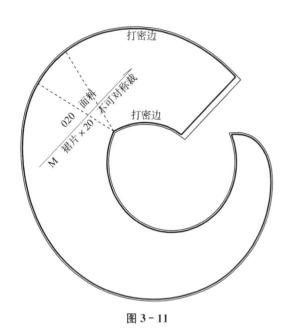

图 3－11

图 3－12　完成后的效果

小结:裙子三种基本型制图方法的对比

	侧起翘	前省量	后省量	下摆处理	前、后腰和裙片
双省裙	1	1.5	2	挑脚	裙腰有前后差数
单省裙	1.2	2	3	明线	裙腰有前后差数
无省裙	2.4	0	0	明线	不分前后腰和裙片

第二节 三种基本型的选用规律

图 3-13

在实际工作中,低腰裙选择的比较多。要细心分析总结不同款式的规律,一般情况下:

（1）当款式表现为有明显双省特征的西装裙、直筒裙、高腰裙和旗袍裙可以选用双省裙基本型,见图 3-13。

（2）如果裙摆比较小,款式图显示为无省,有斜插袋或者圆口袋,这时应该选用单省裙基本型,因为这种结构在口袋中转移了省尖,见图 3-14。有分割线的仍然选用单省裙基本型,见图 3-15。

图 3-14

图 3-15

（3）如果裙摆比较大，款式图有明显的褶裥，这时应该选用无省裙基本型，见图3-16。

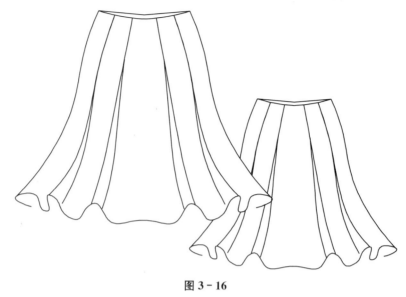

图 3-16

第三节　女裙实例

1. 单省基本型演变为低腰裙

现在服装市场上的裙子，绝大多数是低腰形式的，这是由流行趋势决定的，低腰的程度有多有少，较少的低腰适合于中年女性穿着，较多的低腰和超低腰适合于年轻女性穿着，无论低腰多少都是在平腰基本型的基础上进行变化和处理后才得到的，低腰的程度越低，腰围就越大，一般情况下，我们把低腰腰围的尺寸确定在75～78cm之间，特殊情况下会有所变化。下面是单省裙低腰3cm的演变过程，见图3-17~图3-21。

单位：cm

制图部位	制图尺寸
外侧长（连腰）	57
腰围	75
臀围	94
腰宽	4.5

图 3-17

后腰=W/4-0.5+后省=19.5　　前腰=W/4+0.5+前省2=19.5

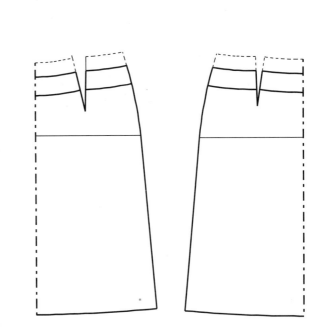

H/4=23.5　　H/4=23.5

里布位置

1.基本型

2.确定低腰程度

图 3-18

3.整理裙腰形状

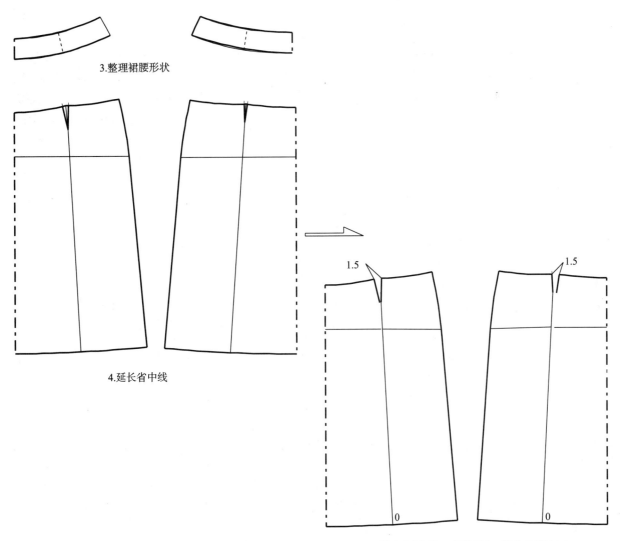

4.延长省中线

1.5　　　1.5

0　　　0

5.以○点为圆心　旋转侧边　增大省量到1.5cm

图 3-19　　　29

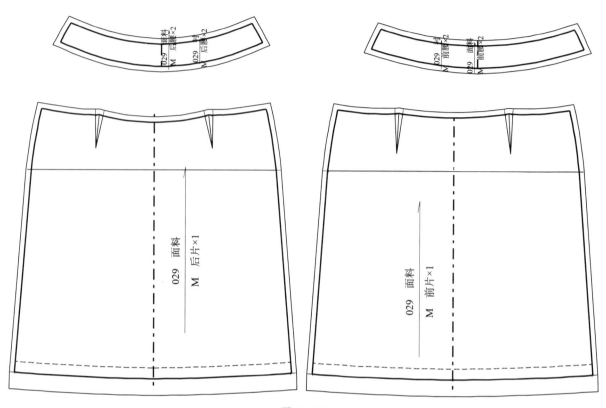

图 3－20

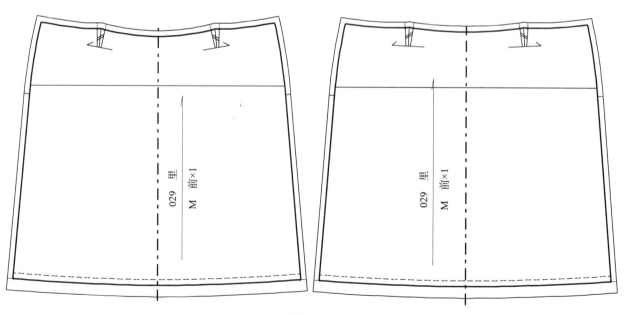

图 3－21

2. 连腰式高腰裙,见图(3-22～图3-24)

制图部位	制图尺寸
外侧长（连腰）	53
腰围	68
臀围	94
下摆	103
腰宽	6

单位：cm

图 3-22

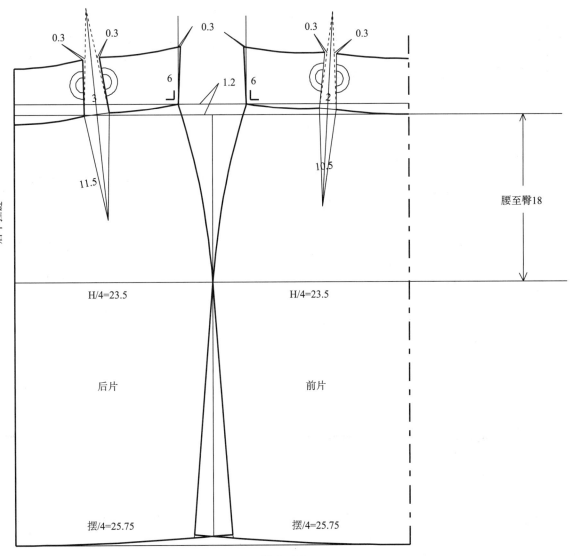

图 3-23

合并腰省

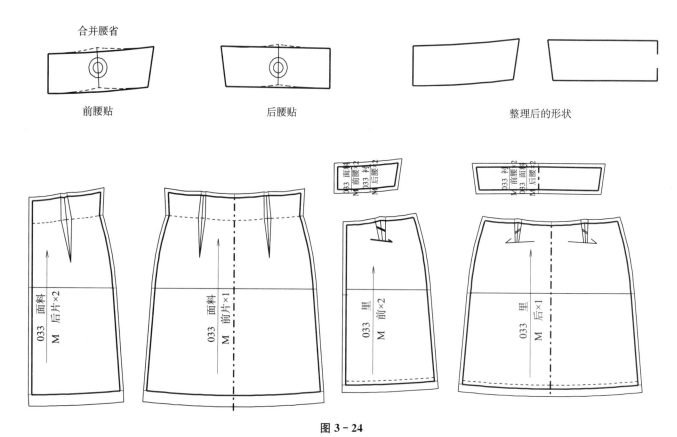

前腰贴　　　　　　　　　后腰贴　　　　　　　　　整理后的形状

图 3 - 24

3. 分离式高腰裙(图 3 - 25～图 3 - 27)

单位：cm

制图部位	制图尺寸
外侧长（连腰）	53
腰围	68
臀围	94
下摆	103
腰宽	6

图 3 - 25

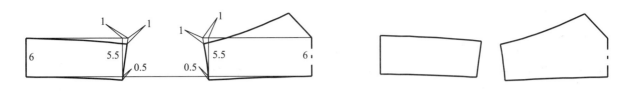

后腰=W/4−0.5+后省=19.5　　前腰=W/4+0.5+前省2=19.5　　整理后的形状

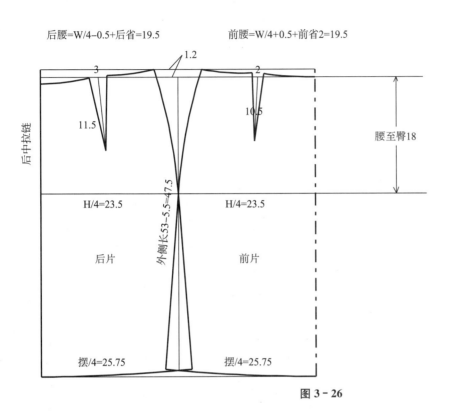

图 3−26

图 3−27

4. 罗马裙

所谓罗马裙是指古罗马传统服饰风格中悬垂多褶、流畅多裥的造型,裙子的侧片有多个垂坠起浪造型的款式,称之为罗马裙,与此相同的造型还有罗马裤、罗马袖、罗马鞋。

这种款式的特点是:平腰或者中等低腰,裙片为斜纹前后中线剖缝,后腰装隐形拉链,前后片相连没有侧缝。见图 3-28～图 3-30。

选料:适合于有一定厚度和硬度的面料,过于轻薄和过于柔软的面料不适合做罗马裙。

单位:cm

制图部位	制图尺寸
外侧长（连腰）	56
腰围	74
臀围	93
下摆	85

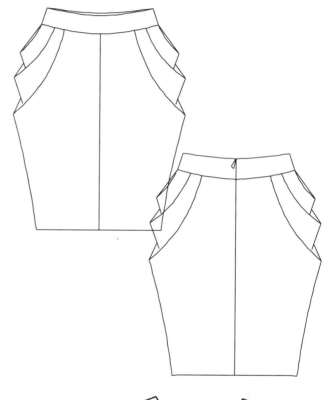

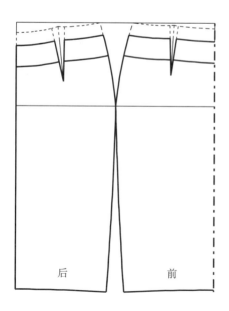

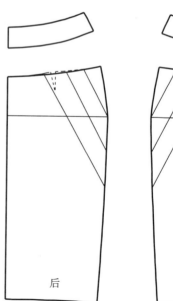

图 3-28

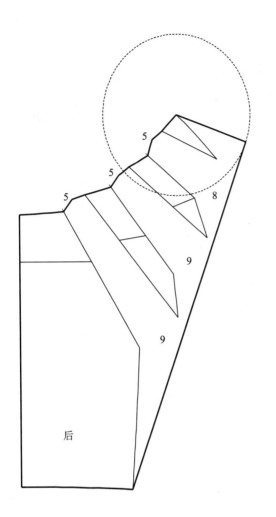

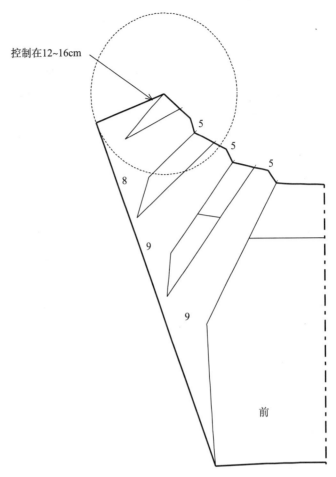

控制在12~16cm

图 3－29

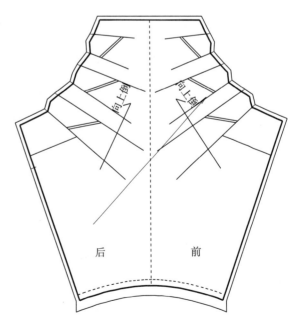

图 3－30

5. 牛仔裙(图3-31、图3-32)

单位：cm

测量部位	测量尺寸
外侧长	45
腰围	75
臀围	93
下摆	97
腰宽	4.5

图3-31

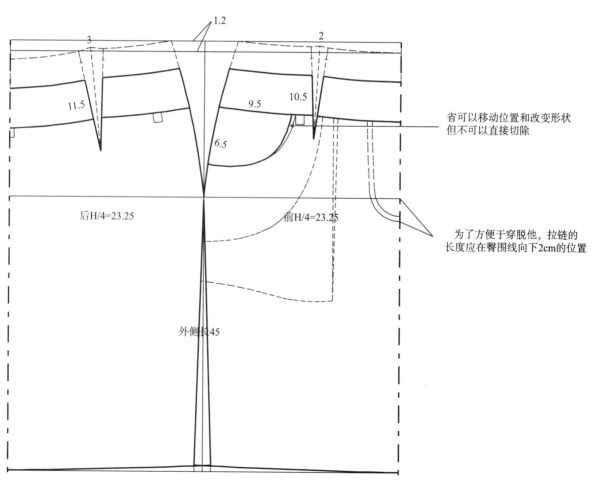

省可以移动位置和改变形状
但不可以直接切除

后H/4=23.25

前H/4=23.25

为了方便于穿脱他，拉链的
长度应在臀围线向下2cm的位置

外侧长45

图3-32

女裙结构分析:

1. 腰头重合的状态(图 3 - 33)

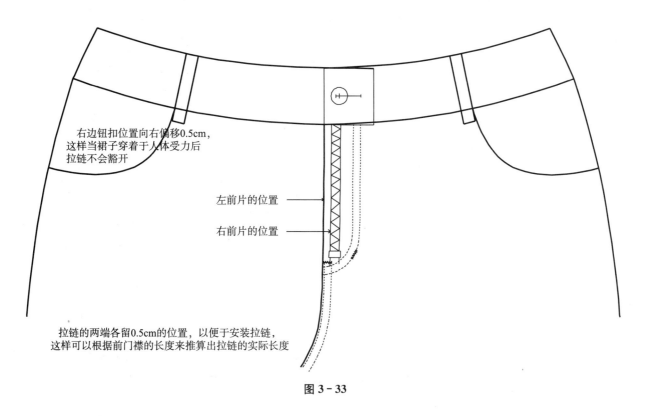

右边钮扣位置向右偏移0.5cm,
这样当裙子穿着于人体受力后
拉链不会豁开

左前片的位置 ←

右前片的位置 ←

拉链的两端各留0.5cm的位置,以便于安装拉链,
这样可以根据前门襟的长度来推算出拉链的实际长度

图 3 - 33

2. 左门襟和右里襟的形状(图 3 - 34)

左门襟上端是斜的
而右里襟的上端是平的

注意:左门襟毛样与实样制作时
正面是相反的

拉链安装完成后
右里襟应该完全盖住左门襟

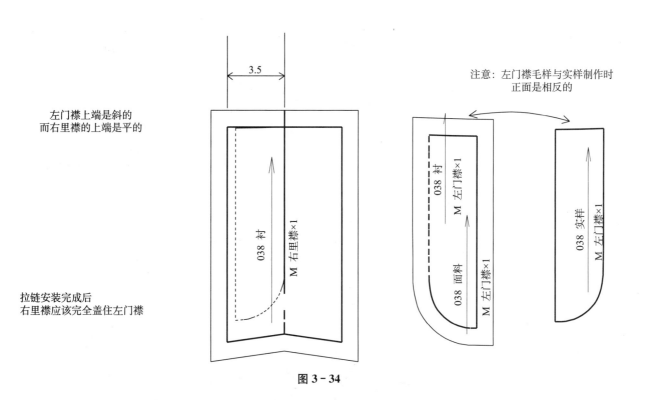

3.5

038 衬

M 右里襟×1

038 衬 M 左门襟×1

038 面料 M 左门襟×1

038 实样 M 左门襟×1

图 3 - 34

3. 前袋的形状和尺寸(图3-35)

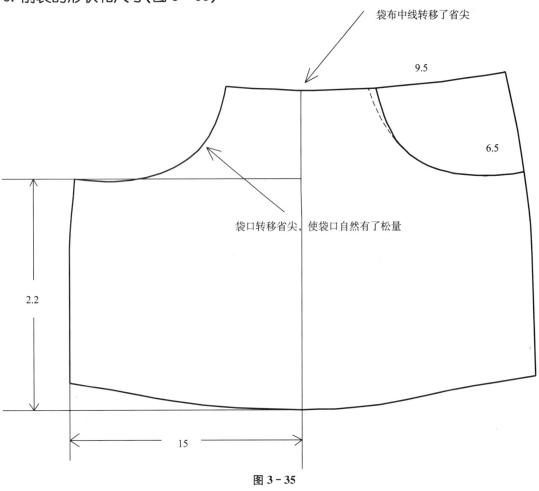

袋布中线转移了省尖

9.5

6.5

袋口转移省尖,使袋口自然有了松量

2.2

15

图 3-35

4. 合并腰省,调整样片线条(图3-35、图3-36)

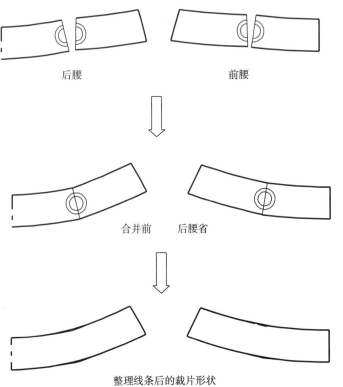

后腰　　　　　前腰

合并前　　后腰省

整理线条后的裁片形状

图 3-36

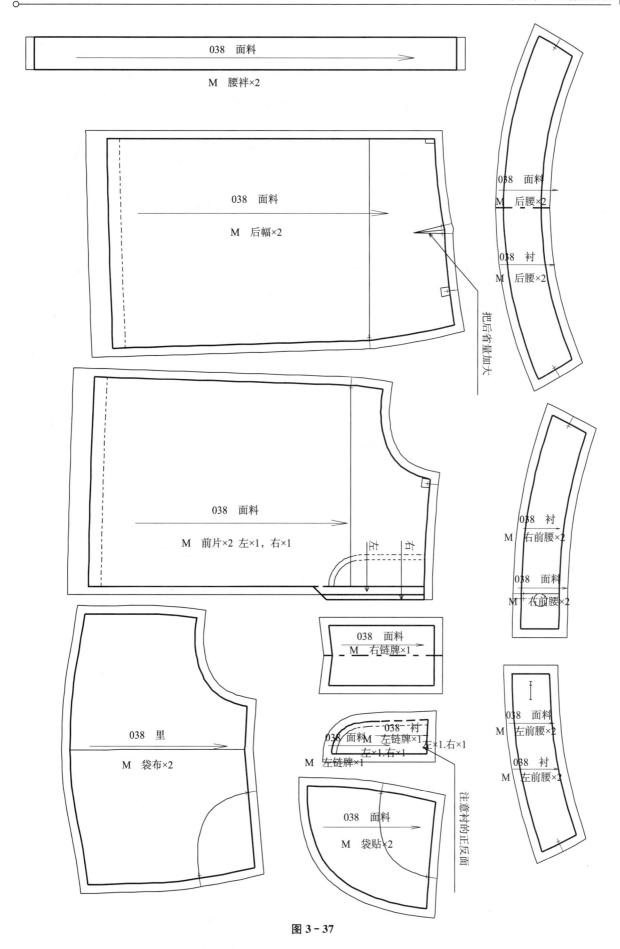

038 面料

M 腰祥×2

038 面料

M 后幅×2

038 面料

M 前片×2 左×1，右×1

038 里

M 袋布×2

038 面料

M 右链牌×1

038 面料 M 左链牌×1 左×1.右×1

M 左链牌×1

038 面料

M 袋贴×2

038 面料

M 后腰×2

038 衬

M 后腰×2

038 衬

M 右前腰×2

038 面料

M 右前腰×2

038 面料

M 左前腰×2

038 衬

M 左前腰×2

把后省量加大

注意衬的正反面

图 3－37

第四章　女裤新板型

第一节　无弹力印花长裤

详见图4-1～图4-3。

单位：cm

制图部位	制图尺寸
外侧长（连腰）	97
腰围	106.5
臀围	86
腿围	70.5
膝围	43
脚口	34.7
前裆长（连腰）	25.5
后裆长（连腰）	35.8

图 4 - 1

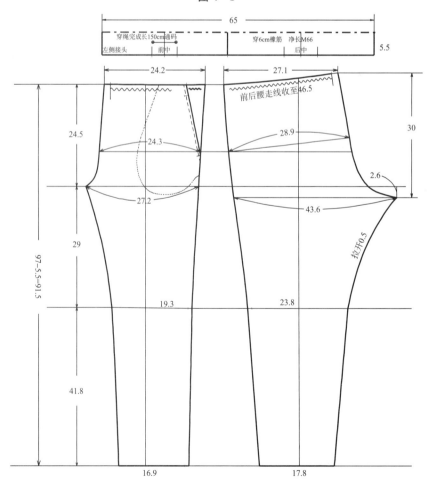

图 4 - 2

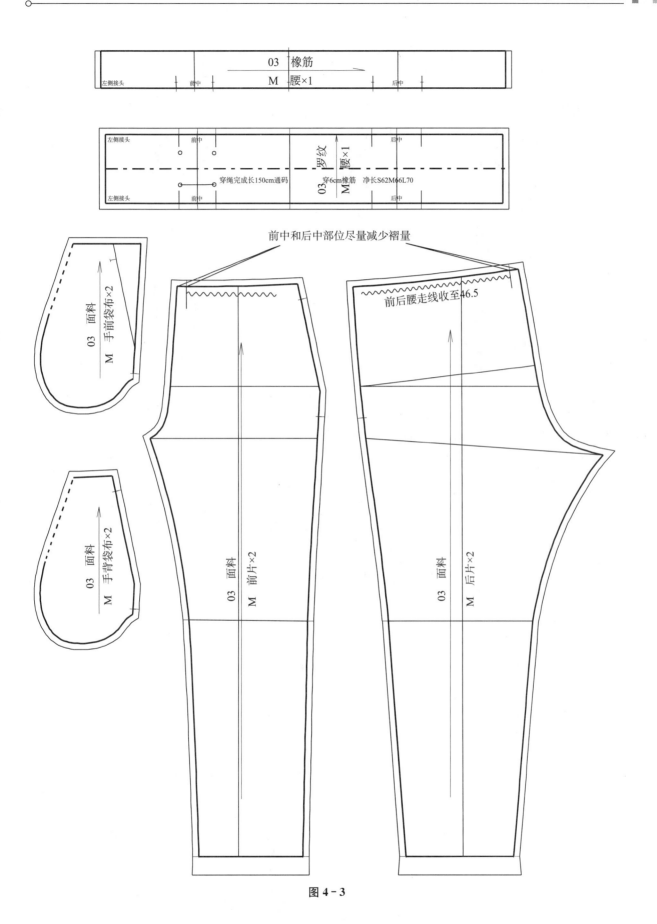

前中和后中部位尽量减少褶量

前后腰走线收至46.5

穿绳完成长150cm通码　穿6cm橡筋　净长S62M66L70

图4-3

第二节　有弹力丝绒长裤

详见图 4-4～图-6

图 4-4

单位：cm

制图部位	制图尺寸
外侧长（连腰）	99.3
腰围	70
臀围	94
腿围	58.5
膝围	38.6
脚口	28.5
前裆（不连腰）	21
后裆（不连腰）	31.5

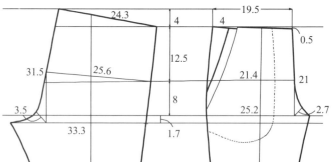

图 4-5

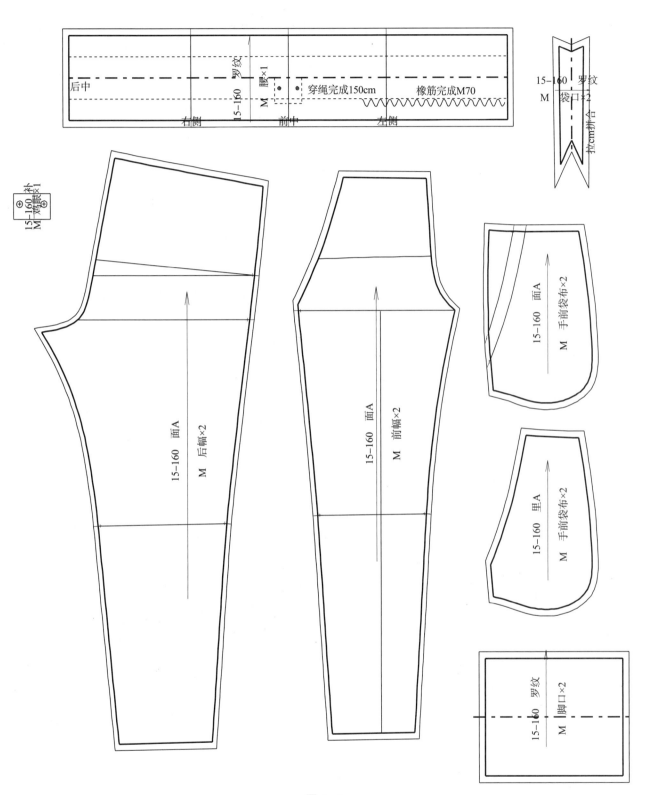

图 4－6

第三节　斜褶女裤

详见图 4 - 7～图 4 - 10

单位：cm

制图部位	制图尺寸
外侧长（连腰）	92
腰围（橡筋）	66
臀围	96
膝围	34.5
脚口	28
前裆（连腰）	22.5
后裆（连腰）	34.3

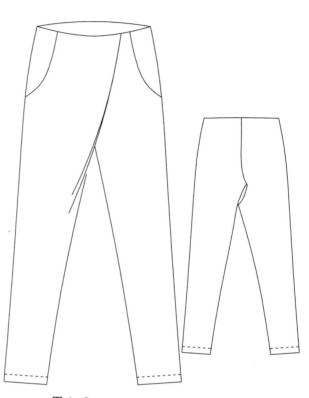

图 4 - 8

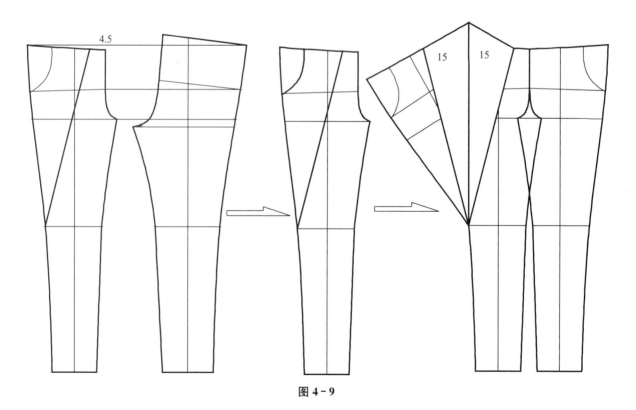

图 4 - 9

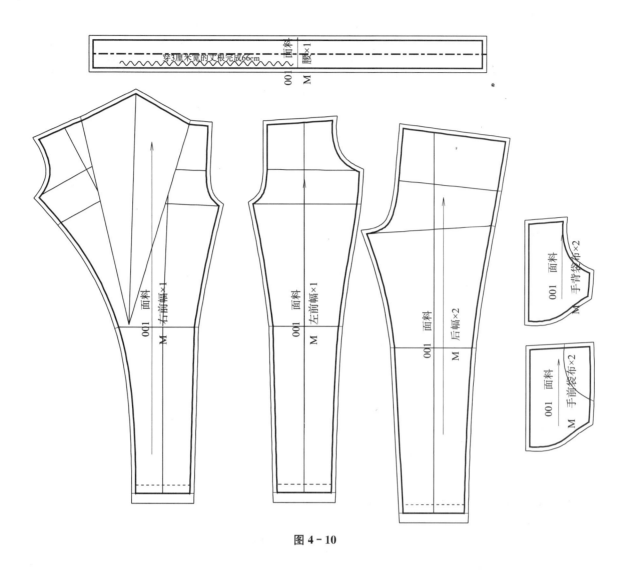

图 4 - 10

第四节　打底裤板型

打底裤就是配长上衣穿的像九分裤的那种紧身裤子,见图4-11。

(打底衫选用一些比较柔软的针织、蕾丝面料做成,可以穿在毛衣或西装里面)

		S	M	L	XL	XXL	档差
外侧长	连腰	88	89	90	91	92	1
内侧长		61.6	62	62.4	62.8	63.2	0.4
腰围	橡筋净长	56	59	62	65	68	3
	拉开	73	76	79	82	85	3
臀围		75	78	81	84	87	3
腿围		45	47	49	51	53	2
膝围	档下30	30.5	32	33.5	35	36.5	1.5
脚口		20	21	23	24	25	1
前档	连腰	25.7	26.3	26.9	27.5	28.1	0.6
后档	连腰	31.1	31.7	32.3	32.9	33.5	0.6

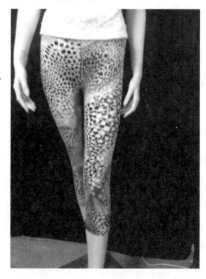

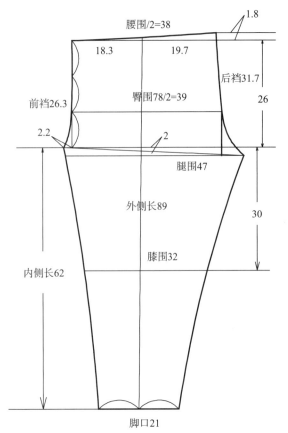

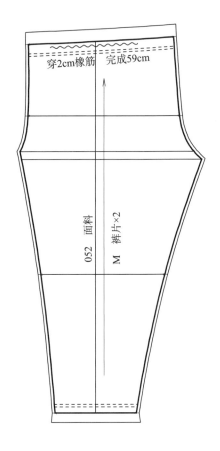

图 4-11

第五节 大裆裤

大裆裤就是过去所说的邋遢裤,现在经过时装设计师的精心演变,成为一种新的时尚。

1. 一片式大裆裤(图 4-12、图 4-13)

单位:cm

制图部位	制图尺寸
外侧长(连腰)	84.5
腰围(橡筋)	66
臀围	128
膝围	29
脚口	25
前裆(不连腰)	38
后裆(不连腰)	38

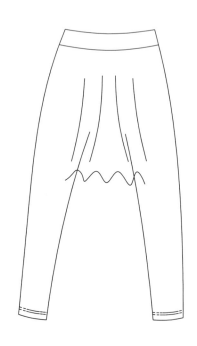

图 4-12

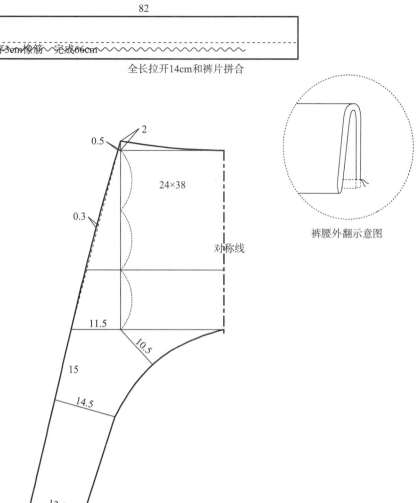

82

9

～～～穿3cm橡筋　完成66cm～～～

全长拉开14cm和裤片拼合

0.5

2

24×38

对称线

0.3

11.5

10.5

15

14.5

12.5

裤腰外翻示意图

图 4 - 13

2. 两片式梭织大裆裤(图 4 - 14、图 4 - 15)

单位：cm

制图部位	制图尺寸
外侧长（连腰）	95
腰围	68
臀围（参考尺寸）	
膝围	36
脚口	25
前裆（不连腰）	41
后裆（不连腰）	46

图 4 - 14

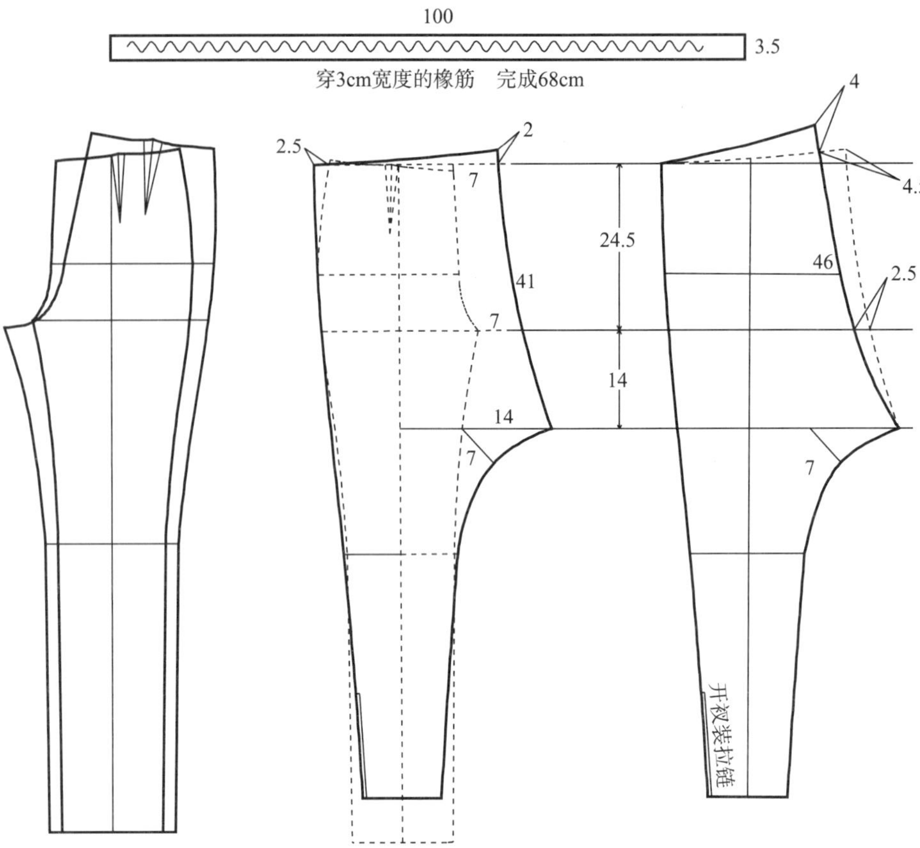

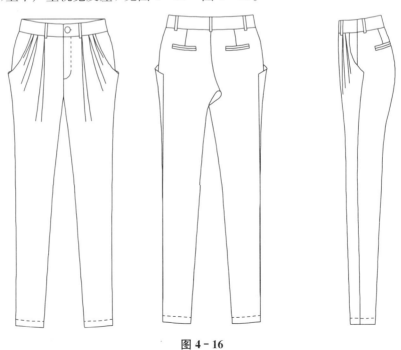

100

3.5

穿3cm宽度的橡筋　完成68cm

2.5

2

7

4

4.5

24.5

41

46

2.5

7

14

7

14

开衩装拉链

7

合体裤子的底稿

演变成大裆裤的前片

再在大裆裤的前片上绘制后片

图 4－15

第六节　铅笔裤

铅笔裤是一种形象的名称，它是指裤管像铅笔一样细长，穿着于人体会有瘦腿的感觉，有的在腰部和口袋设计活褶，上下产生视觉反差，见图 4－16～图 4－19。

图 4－16

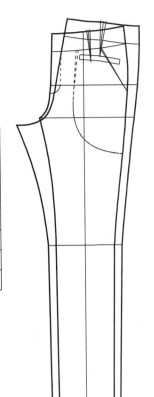

单位：cm

制图部位	制图尺寸
外侧长（连腰）	95
腰围	75
臀围	89
膝围	36
脚口	30
前裆（连腰）	22
后裆（连腰）	33.5

图 4－17

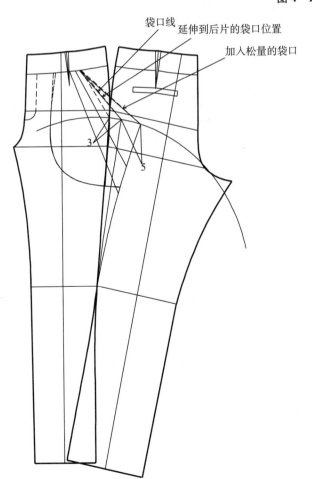

袋口线
延伸到后片的袋口位置
加入松量的袋口

3

5

把省在袋口和袋布中转移
切展前片时不需要考虑前省尖

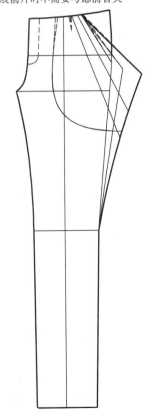

图 4－18

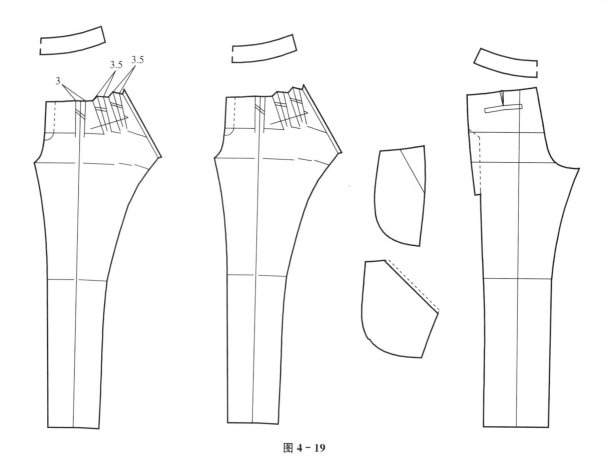

图 4 - 19

第七节 哈伦裤

　　哈伦裤,原为保守妇女所穿着的裤型,经过时尚品牌设计师的精心改良、加工和创造,现代的哈伦裤已形成宽松、舒适、健康的时尚元素的特有风格裤型,见图 4 - 19、图 4 - 20。

图 4 - 19

单位:cm

制图部位	制图尺寸
外侧长(连腰)	78.5
臀围(参考尺寸)	89
膝围	37
脚口	33
前裆(连腰)	22
后裆(连腰)	33

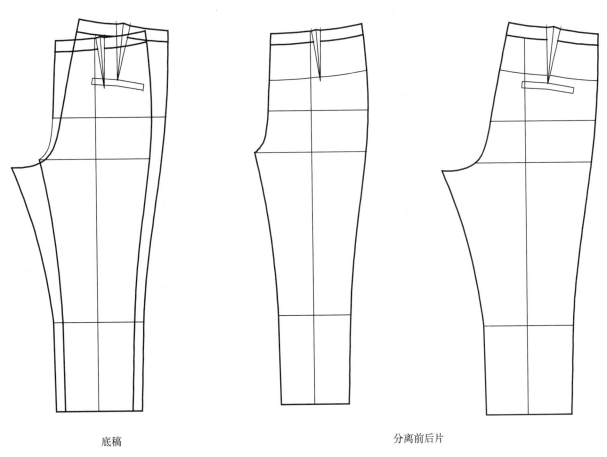

底稿　　　　　　　　　　　　　　　　　　分离前后片

图 4 - 20

前片的演变过程见图 4 - 21。

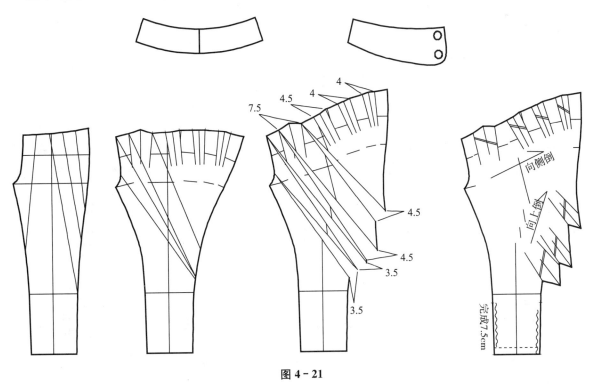

图 4 - 21

后片的演变过程,见图 4-22。

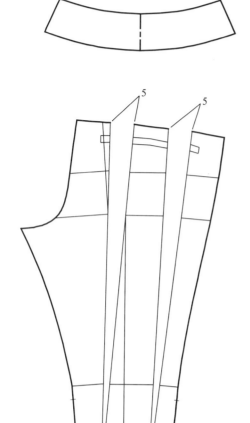
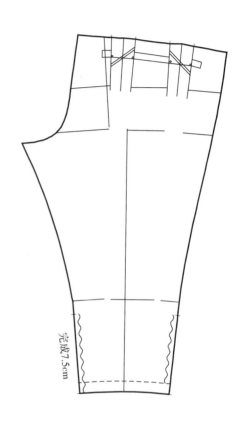

图 4-22

第八节　连体裤

　　连体裤是由上衣和裤子连接在一起组成的,但是不能简单地理解为上衣和裤子直接连接,因为我们要考虑到人体活动时的机能要求,当人体在弯腰和下蹲时,后臀部会绷紧,并把后腰向下拉拽,同时前腰会起皱,另外,当人体手臂上举时,上衣的侧摆会抬起,同时袖山部位会起皱。这两个部位的机能变化所产生的量在非连体的款式中并不影响人体活动,但是,当上衣和裤子相连时就会使人难以活动,因此,连体裤必须在中腰和裆的位置加入足够的松量,一般有袖子的款式加入 12cm 左右,无袖款式加入 8cm,如果与下半身连接的裤子是属于非常宽松的裙裤和大裤裆板型,则只需要加入 2cm 即可。

　　其实,连衣裙也是这样的原理,只是连衣裙没有前后裆,人体下蹲时后臀绷紧的现象不太明显,需要加入的松量很少,只需要把短裙后中下降的 1cm 包含在内即可。

　　为了使加入的量能够在腰部自然兜起,而不至于下坠,通常要在腰部采取缉松紧带(橡筋带)、抽绳、或者加腰带的方式进行处理,见图 4-23~图 4-26。

需要加长的量

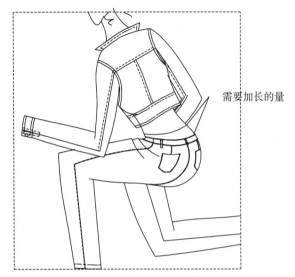

需要加长的量

图 4 - 23

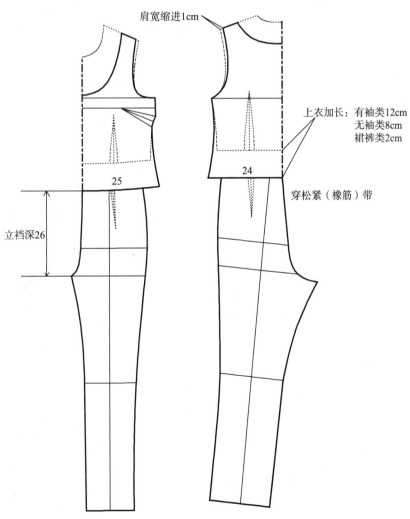

肩宽缩进1cm

上衣加长：有袖类12cm
　　　　　无袖类8cm
　　　　　裙裤类2cm

穿松紧（橡筋）带

25

24

立裆深26

图 4 - 24

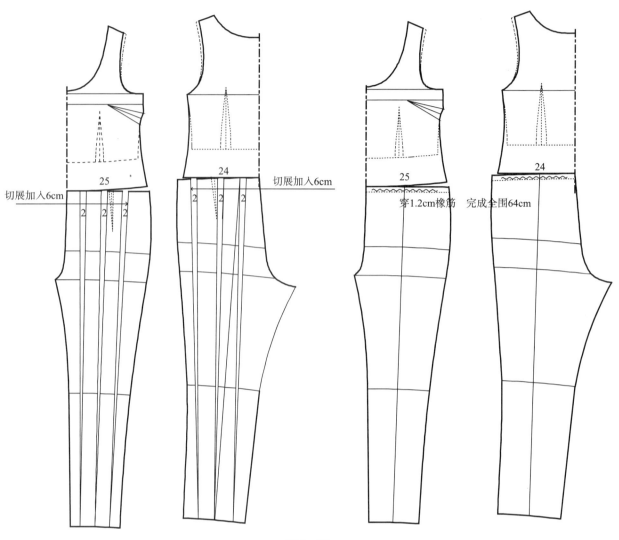

切展加入6cm

切展加入6cm

穿1.2cm橡筋 完成全围64cm

图 4 - 25

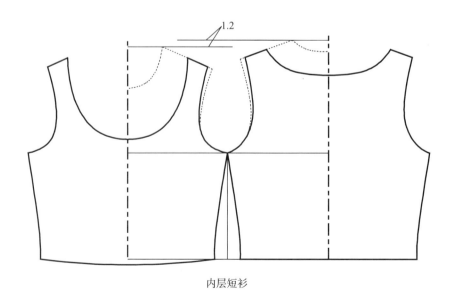

内层短衫

图 4 - 26

第五章 合体上衣板型女衬衫

第一节 女衬衫的结构分析

合体女上装的特点是:有明显的收腰,各部位都松紧适度地附着于体表,这种板型是最典型的女上衣款式,也是其它上装款式的变化基础,见图5-1~图5-7。

单位:cm

制图部位	制图尺寸
后中	64
胸围	92
腰围	75
肩宽	37.5
袖长	58
袖口(扣合度)	20
袖肥	32
夹圈	45

图 5-1

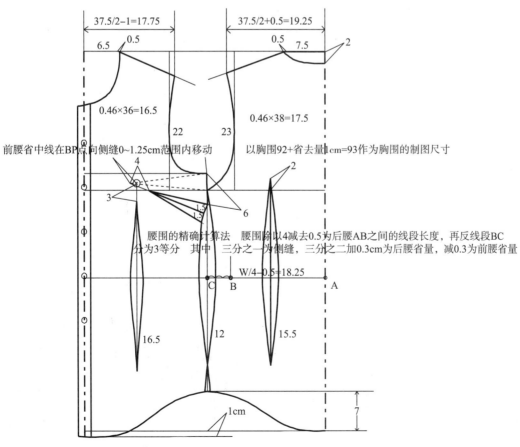

37.5/2-1=17.75   37.5/2+0.5=19.25

6.5   0.5   0.5   7.5   2

0.46×36=16.5   0.46×38=17.5

22   23

前腰省中线在BP点向侧缝0~1.25cm范围内移动   以胸围92+省去量1cm=93作为胸围的制图尺寸

4

3

1.5
1.5

6

2

腰围的精确计算法 腰围除以4减去0.5为后腰AB之间的线段长度,再反线段BC
分为3等分 其中 三分之一为侧缝,三分之二加0.3cm为后腰省量,减0.3为前腰省量

W/4-0.5=18.25

C B   A

16.5   12   15.5

1cm

7

图 5-2

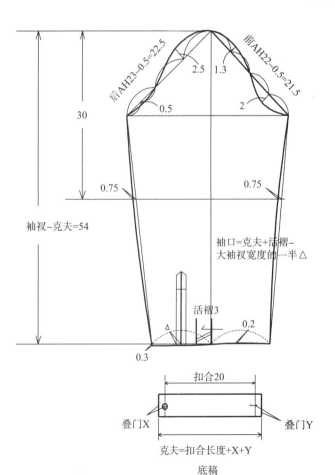

37.5/2−1=17.75　　　37.5/2+0.5=19.25

6.5　0.5　　　　0.5　7.5　2

衬衫的第三粒钮扣应设置在与BP点水平的
位置或者接近于BP点水平线，这样技能
避免了穿着后门襟受力后发生撑开的现象

0.46×36=16.5　22　23　0.46×38=17.5

前腰省中线在BP点向侧缝0~1.25cm范围内移动　4

3　　1.3　　2

1.3　6

以胸围92+省去量1cm=93作为胸围的制图尺寸

W/4−0.5=18.25

16.5　12　15.5

1cm　7

图 5−3

后AH23−0.5=22.5　　前AH22−0.5=21.5

2.5　1.3

0.5　2

30

0.75　0.75

袖衩−克夫=54

袖口=克夫+活褶−
大袖衩宽度的一半△

活褶3　0.2

△　0.3

扣合20

叠门X　　叠门Y

克夫=扣合长度+X+Y

底稿

图 5−4

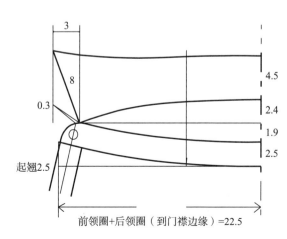

3

8

0.3

起翘2.5

4.5

2.4

1.9

2.5

前领圈+后领圈（到门襟边缘）=22.5

图 5−5

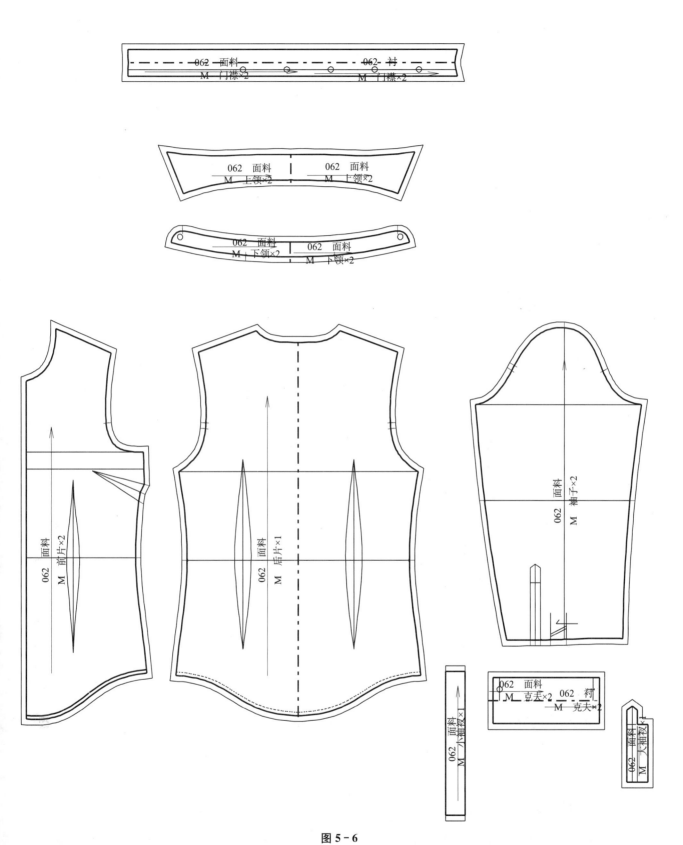

图 5-6

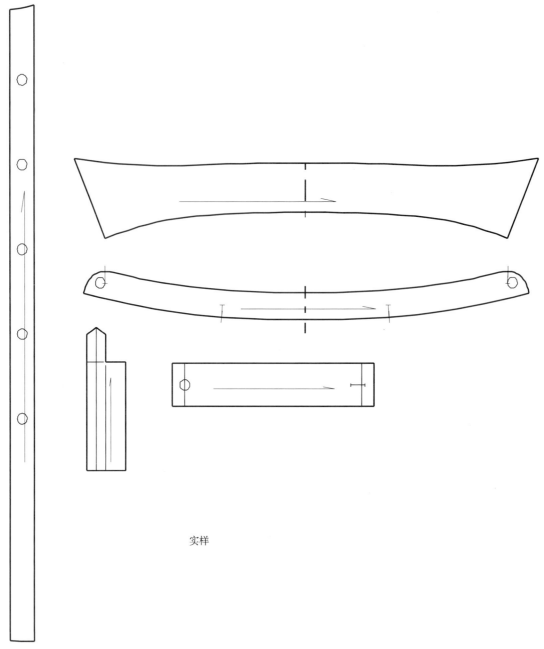

实样

图 5-7

1. 基本型的准确性

基本型建立以后,它的正确性非常重要,缝合后基本型的肩缝、侧缝、腰节线、肩颈点等部位都要和人台的相应线相符合。

2. 肩宽和袖山的关系

在制作比较夸张的泡泡袖和褶裥袖时,要把肩宽缩进,因为这类袖型包裹了一部分肩头,在实际工作中,为了表现女性的柔美,肩宽缩进的限度有时比较大,最大限度只能缩进 4cm,这时袖窿线向内偏离了胸宽线和背宽线,这是正常现象,见图 5-8。

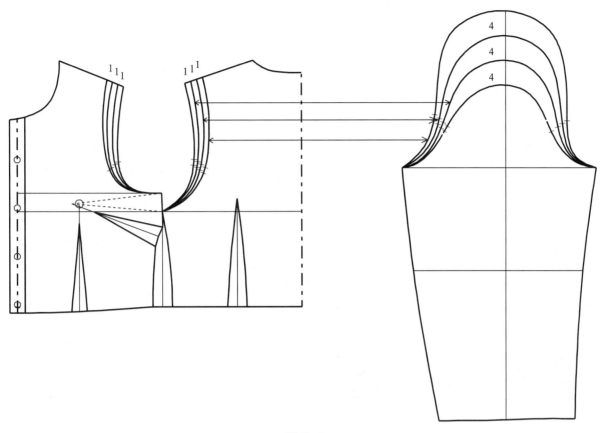

图 5 - 8

在实际工作中,时装袖山的变化比较大,当袖山增高时,肩宽要同时缩进,肩宽缩进的规律是 4∶1 的比例,就是袖山高每增加 4cm,肩宽缩进 1cm(半围计)。那么,当袖山增高 8cm 时,肩宽就缩进 2cm,依此类推(特殊的时装款式除外)。

3. 衣身胸围尺寸和省去量

在这一款衬衫的结构图中,由于后腰省的省尖超过了胸围线 2cm,这样就产生了省去的量,在实际工作中要把省去的量加入胸围尺寸中,否则完成后成品尺寸会变小。另外影响成品尺寸的因素还有:

① 面料的缩水率;

② 后中剖缝所产生的省去量;

③ 有的公司测量胸围的方式是袖窿底向下 2.5cm 的位置量取胸围尺寸,这样侧缝也产生了省去量。

因此,在制图之前,只有准确地加入省去量,才能保证完成后的成品尺寸和所要求的尺寸相符合。

4. 前胸宽和后背宽

服装的前胸宽和后背宽与胸围都有比例的关系,例如当胸围为 94cm 时,半胸围为 47cm,我们把半胸围分成 100 等分。即每一等分为 0.47cm,这样,前胸宽取 36 等分,后背宽取 38 等分,计算方法是:

前胸宽＝0.47×36＝16.9cm;

后背宽 0.47×38＝18.6cm。

再例如当胸围改为 98cm 时:

前胸宽＝0.49×38＝17.6cm,后背宽＝0.49×38＝18.6cm。

这里的数值 36 和 38 均为百分比,需要注意的是,在一些特殊变化的款式中,前胸宽和后背宽的比例可以适当增大或者减小。在有的公司要求合体程度更高时,我们可以采用前胸宽为35,后背宽为39的百分比,在有的西装驳头非常低,到达腰节线或者更下的位置时,我们也可以调整到前胸宽35,后背宽39,总之,数值是可以调整的,并非一成不变的。

5. 衬衫的基本领横和领深

我们通过立体裁剪的方法用白坯布得到前后领的基本图形,见图5-9。

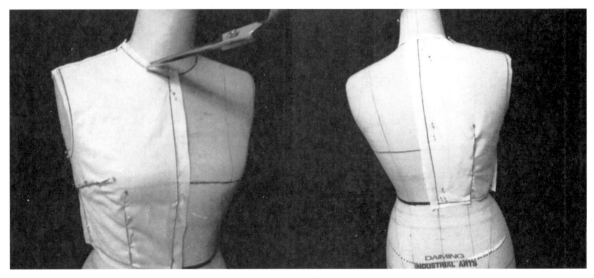

图 5 - 9

其中,后领横为7.5cm,后领深度为2cm,而前领横为6.5cm,前领深度为7.5cm,前、后领横的差数为1cm,这是把衬衫肩缝拼接起来,前片和后片的自然摆放的平面状态见图5-10。

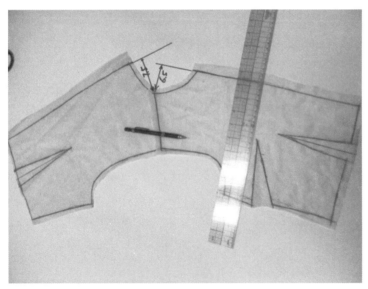 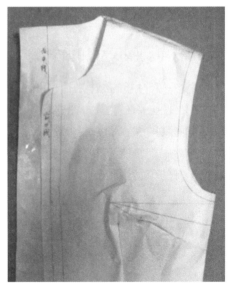

图 5 - 10   图 5 - 11

而前后中线重叠的时候是把侧缝也拼接起来以后所呈现的立体状态,实际上,肩缝拼合后的前后片,前中线和后中线已经无法完全重合,见图5-11。

6. 其它款式的领横变化数值

前后领横发生变化时，一定要沿着肩斜线变化，不可以在上平线上直接增大领横，只有这样，才能符合人体的形状，见图 5–12。

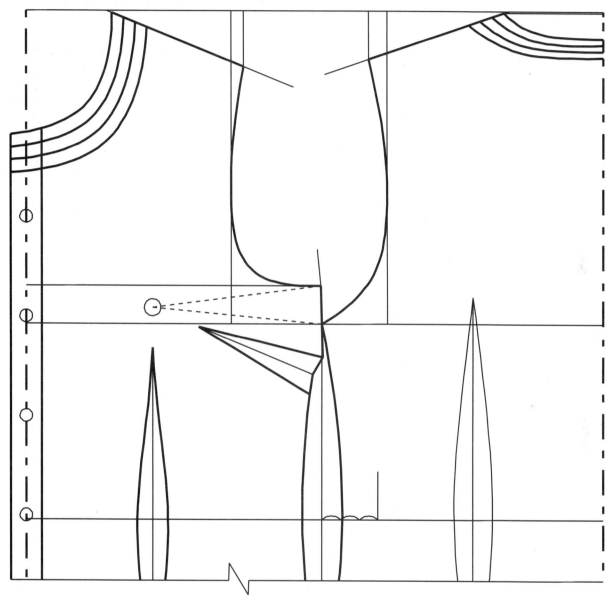

图 5–12

一般情况下，领横都会向外有不同程度的偏移，其中：

旗袍为 0～0.3cm；

衬衫为 0.5cm；

西装、外套类为 1cm；

呢大衣为 2.5～3cm（时装款式会有更大幅度的变化）。

7. 服装线条的属性

服装线条的属性并非完全固定和相同的,我们把它分为结构线、轮廓线、对称线、辅助线、坐标线、造型线和多变线。其中:

结构线是框架,是固定的,如侧缝线、胸围线、腰围线、摆围线等,可以通过简单的计算得到。

轮廓线就是裁片的实线。

对称线是对称裁片的中心线。

辅助线和实线是相对而言的,是起到辅助的参考、参照作用的线条。

造型线、门襟、下摆、口袋、驳头形状、领圈形状、领嘴形状等,这些部位线条的细微变化都产生不同的效果。

这里我们要重点研究多变线的特点和用法:

多变线是不确定的,灵活易变的,如腰节线、膝围线、肘围线、袖窿线、领深线、连身袖的袖底线等。

以腰围线为例,从肩颈点到腰围线人体的净尺寸为 39.5cm,在实际工作中常常并不是以正好和腰线水平来做服装的,在做年轻化风格的服装时,常常把腰围线向上移动 2cm 左右,这样做给人带来的视觉效果更能表现年轻女性的柔美和富有活力。

同样的原理,肘围线和膝围线也会做这样的处理。只是这里的量化是不确定的,需要有实际的体会和总结才能得到最佳的数值。

领围和领窝领圈是两个不同的概念,领围是指领子的长度,而领圈是指前领窝和后领窝相加的总和,见图 5-13。

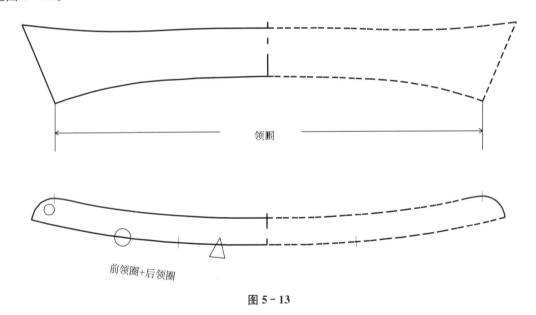

图 5-13

8. 圆下摆的变化

圆下摆的幅度并不是一成不变的,下面分别是 7cm、5cm 和 2cm 的三种圆下摆的图形变化,见图 5-14。

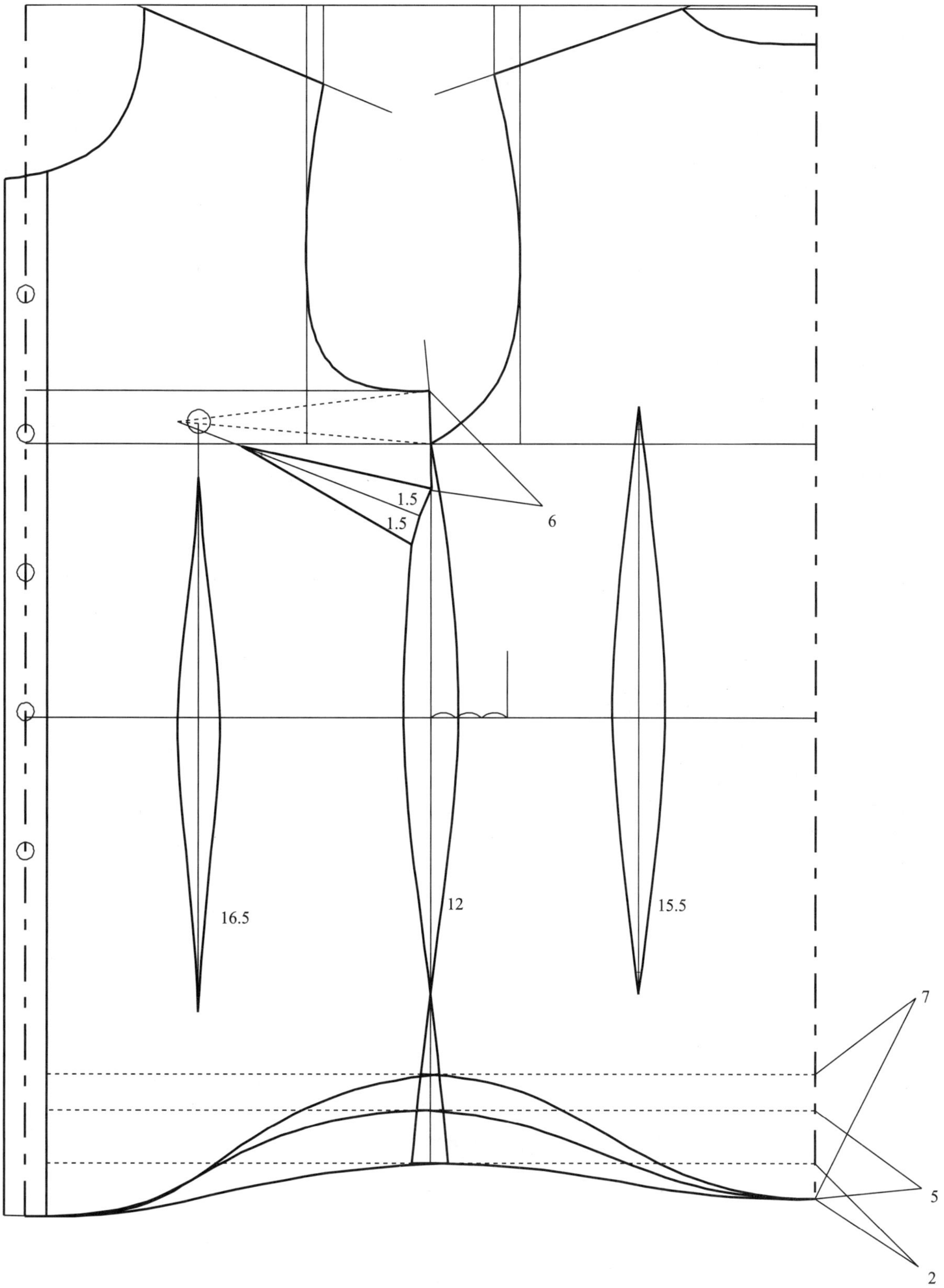

图 5－14

9. 门襟的变化

衬衫的门襟都多种变化，如分离型、自自带型、外贴型、折叠型等。

10. 前后腰省的计算方法

以腰围 75÷4 减去 0.5＝18.25cm,即点 A 和点 B 之间的距离。

通过观察人体的形状可以看到,女性的后腰比前腰向内弯的幅度要大,因此在计算和分配腰省量时,后腰省量应该比前腰省量稍大。后腰省的上端可以超过胸围线 2cm,而前腰省的上端省尖则应低于 BP 点 3cm。

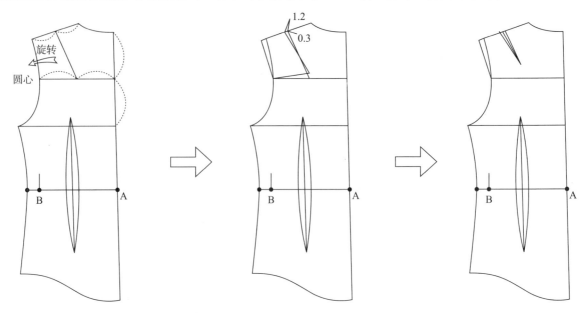

11. 腰节分割线的位置和变化

腰节线是一个多变线,在确定腰节线时并不完全按照人台的测量数值,而是根据具体款式进行变化的如果上衣的腰节是断开的,那么前腰要比后腰低 1cm,当制做年轻化的女衬衫时,腰节线可以上移动 2cm 左右(臀围线也随之上移),这样更能表现女性柔美和活力。

12. 女衬衫配领(图 5－15)

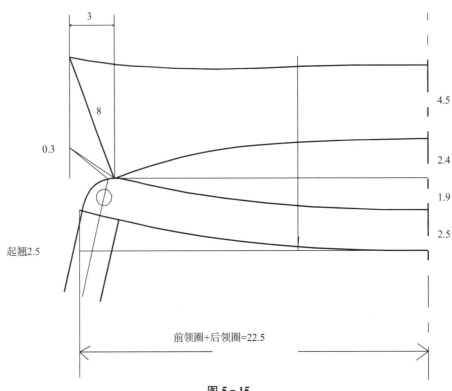

图 5－15

13. 长袖的纸样(图5－16)

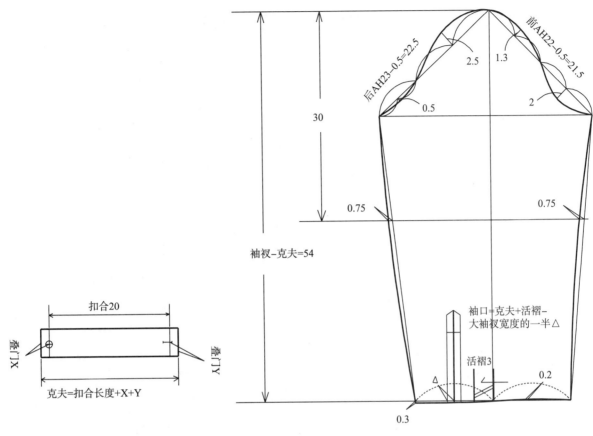

图5－16

14. 袖窿,袖山高和吃势量的参考尺寸

单位:cm

款式	袖窿尺寸	袖山高度	吃势量(总量)
弹力针织衫	38～41	9～13	0～0.5
旗袍	41		1
衬衫	45	13～15	1
西装,制服	46	15—16.5	2～4
夹克,外套	48	15—16.5	0～2
大衣	50～53	15～17	2～3

第二节　女衬衫的款式变化

第一款　压线褶短袖衬衫(图5-17、图5-18)

单位：cm

制图部位	制图尺寸
后中	64
胸围	92
腰围	75
肩宽	33.5
袖长（参考尺寸）	
袖口（扣合度）	30.5
袖肥（参考尺寸）	
袖窿	46.5

图5-17

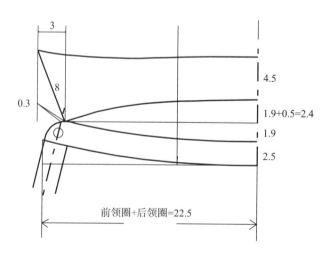

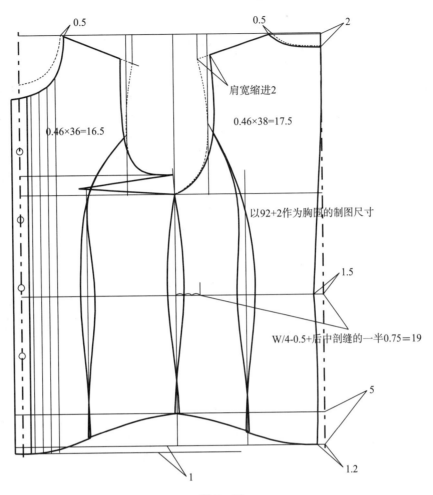

图 5－18

有衩短袖克夫的长度和画法见图 5－19、图 5－20。

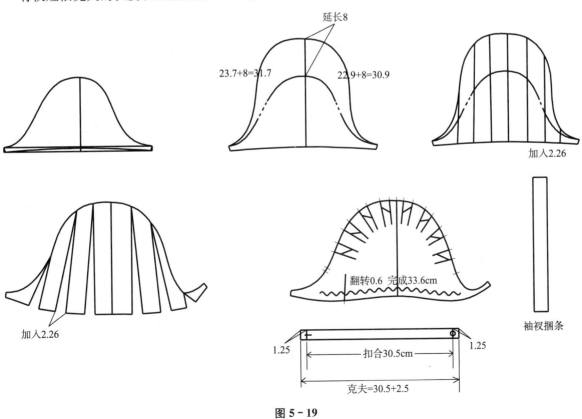

图 5－19

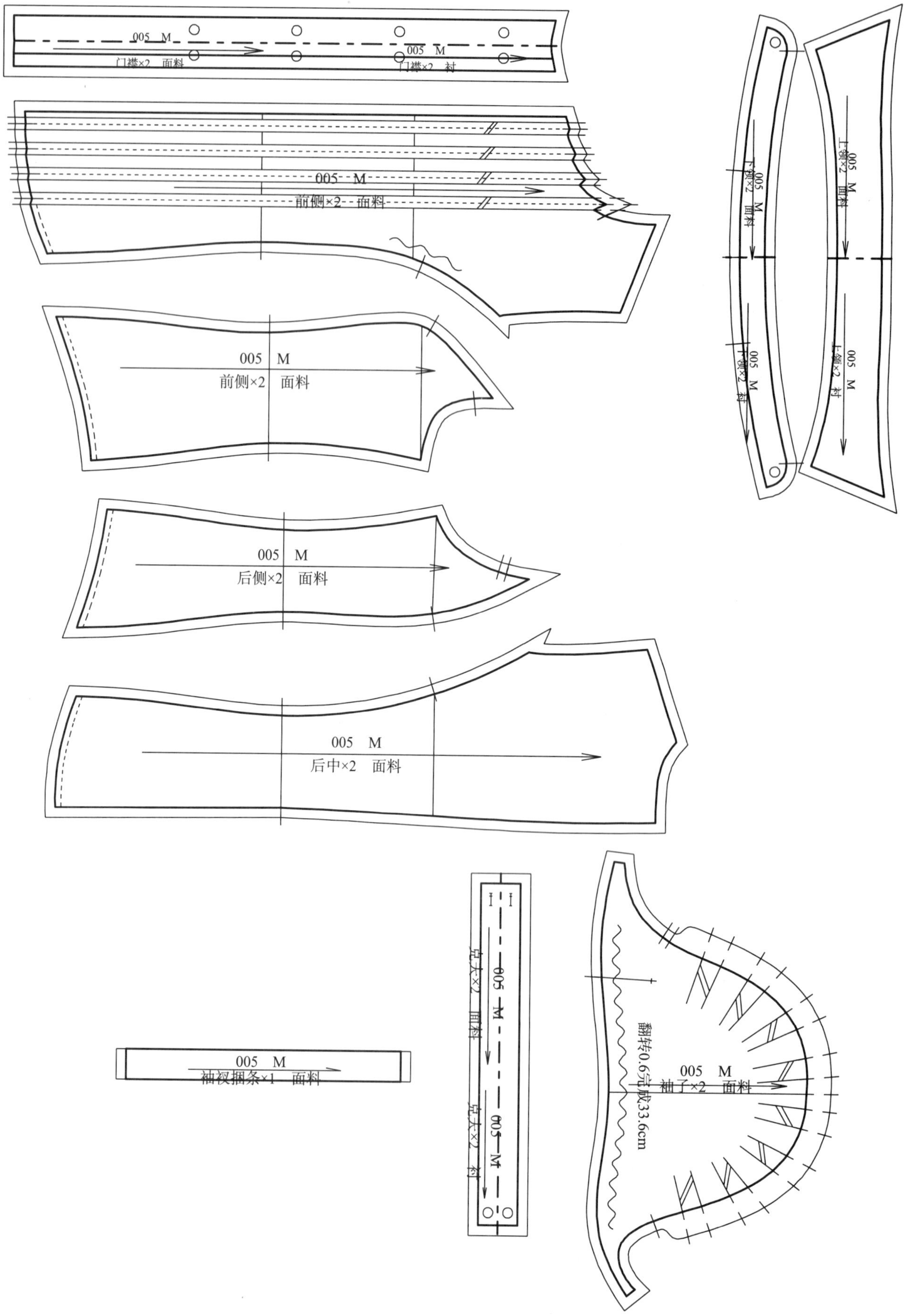

005　M
门襟×2　面料

005　M
门襟×2　衬

005　M
前侧×2　面料

005　M
前侧×2　面料

005　M
上领×2　面料

005　M
上领×2　面料

005　M
下领×2　面料

005　M
下领×2　衬

005　M
后侧×2　面料

005　M
后中×2　面料

005　M
袖衩捆条×1　面料

005　M
克夫×2　面料

005　M
克夫×2　衬

翻转0.6完成33.6cm

005　M
袖子×2　面料

图5-20

第二款　公主缝短袖女衬衫

见图 5－21～图 5－25。

单位：cm

制图部位	制图尺寸
后中	64
胸围	92
腰围	75
肩宽	35
袖长（参考尺寸）	
袖口（橡筋）	26
袖肥（参考尺寸）	
袖窿	45.7

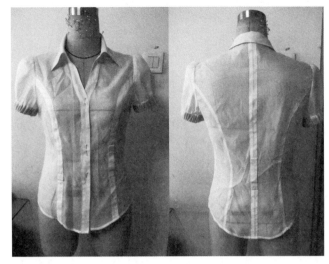

图 5－21

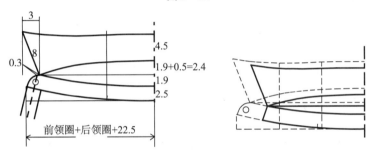

图 5－22

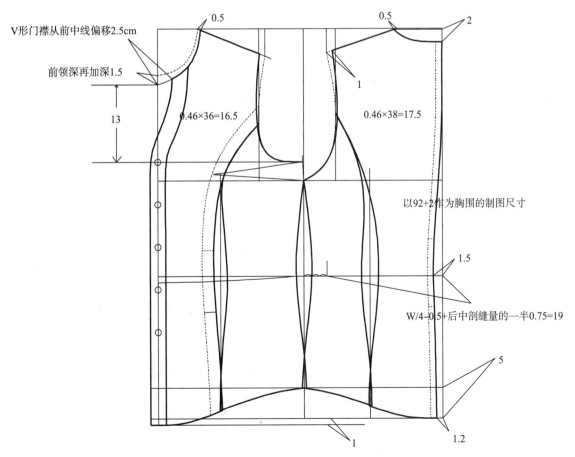

图 5－23

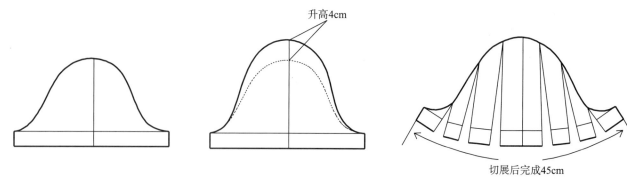

升高4cm

切展后完成45cm

图 5－24

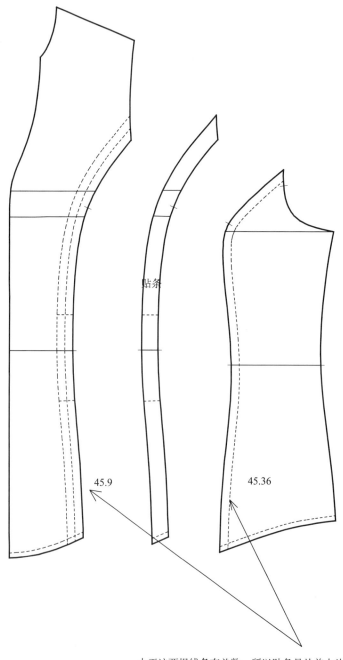

贴条

45.9

45.36

由于这两根线条有差数，所以贴条是从前中片上复制，
而不是从公主缝两边平分再复制

图 5－24

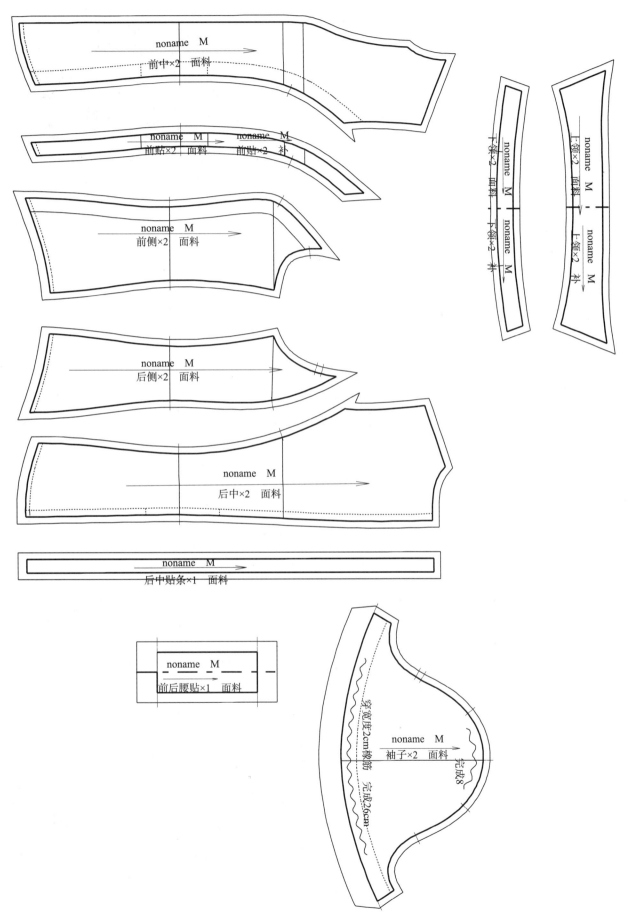

图 5-25   71

第三款　有袖襻下摆打结

见图5-26-27。

单位：cm

制图部位	制图尺寸
后中	50
胸围	92
腰围	75
肩宽	37.5
袖长	19.5
袖口	31.5
袖肥	32
袖窿	45

图5-26

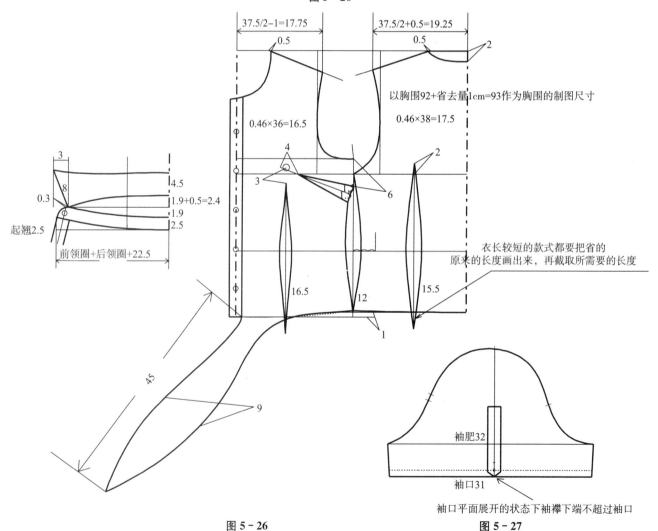

37.5/2-1=17.75　　37.5/2+0.5=19.25

0.5　　0.5　　2

以胸围92+省去量1cm=93作为胸围的制图尺寸

0.46×36=16.5　　0.46×38=17.5

3　　4.5　　8　　1.9+0.5=2.4　　0.3　　1.9　　起翘2.5　　2.5

前领圈+后领圈+22.5

4　　3　　6　　2

衣长较短的款式都要把省的原来的长度画出来，再截取所需要的长度

16.5　　12　　15.5

1

45

9

袖肥32

袖口31

袖口平面展开的状态下袖襻下端不超过袖口

图5-26　　　　　　　　　　图5-27

第六章　新板型转省处理

第一节　对撇胸的认识和正确做法

撇胸又称撇胸省、撇门和劈门，是指在服装制图中把前襟胸部以上部分切除一定的量的一种做法。但是，许多人对撇胸的原理不清楚，导致加了撇胸没有起到使衣服变得更合体，甚至起了反作用，变得更加不合体，为了使大家明白撇胸的原理，我们先从衣身的基本结构来分析。

我们把 M 码的人体模型上半身到臀围线的位置表皮揭下来，或者运用立裁的方法，分成前、后各六块的裁片复制下来，再贴到硬纸上制成模板，见图 6-1、图6-2。

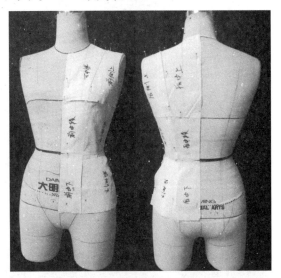

图 6-1

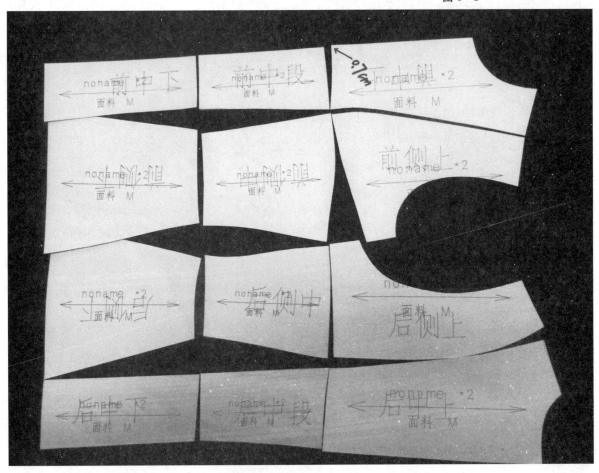

图 6-2

当我们把其中三块裁片在腰节处拼接,再沿前中画一条中线,可以看到,人体本身不但没有撇胸,而且有 1.5cm 的反撇胸。当我们把前中的三块裁片沿前中线对齐,前中就出现了 0.7cm 空余的量,见图 6 - 3。

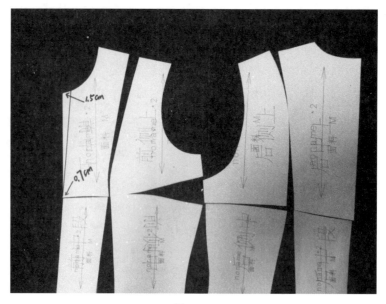

图 6 - 3

如果我们再以 BP 点为圆心,把最上面的两块裁片同时旋转 1cm,这时前领深点偏离了前中线,一般人会认为这个偏移量就是撇胸,但是他们没有考虑到前中的松量增大了,而且这个所谓的"撇胸"越大,松量越多,如果是关门领型款式,就会出现前领圈部位不平服,如果是西装款式,翻折线就越长,穿着人体后,就会出现空鼓现象。所以说,这种认识和做法是很不可取的。因此我们在实际工作中,要慎用撇胸,只有在前、后领横的差数不足 1cm 时,才会把前中撇去,形成撇胸形状。

第二节　胸口转省

这个款看似简单,但制作时关键在于加入褶量后前中线不可断开,只能连接直线,并且胸围不可变小,因此展开线的位置非常重要,见图 6 - 4~图 6 - 6。

单位cm

制图部位	制图尺寸
后中	54
胸围	84
腰围	74
肩宽	35
袖长	57
袖口	18
袖肥	29
袖隆	38

图 6 - 4

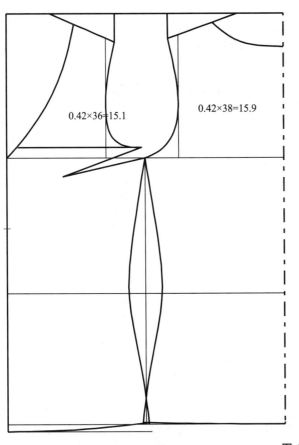

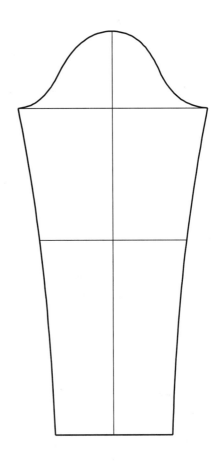

0.42×36=15.1　　0.42×38=15.9

图 6－5

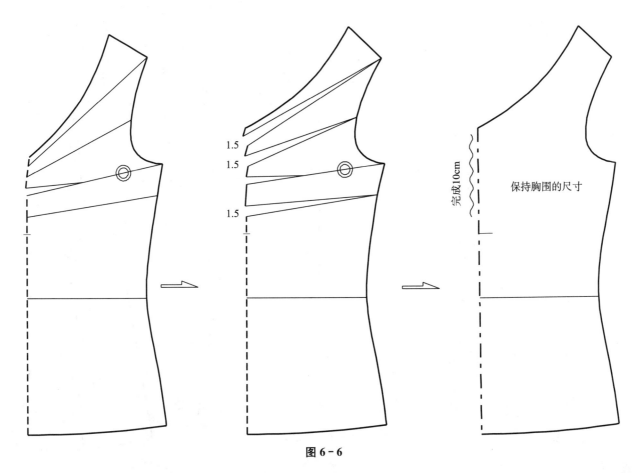

图 6－6

第三节　弯形省画法

见图6-7、图6-8。

单位：cm

制图部位	制图尺寸
后中	85
胸围	90
腰围	73
肩宽	36
夹圈	44

分割线在腰围线和臀围线之间

图6-7

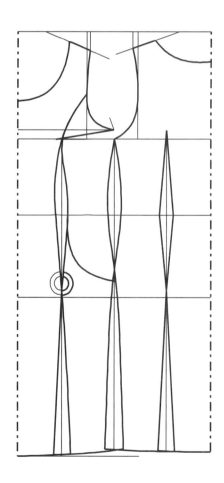

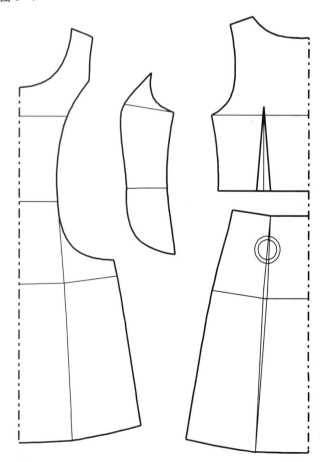

图6-8

第四节　领口宽褶和胸省的关系

见图 6 - 9～图 6 - 12

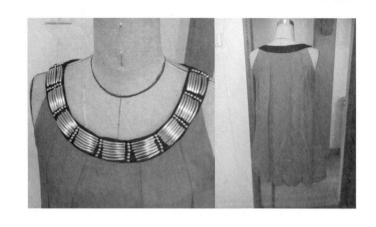

图 6 - 9

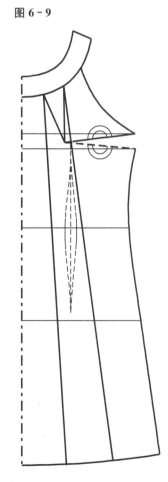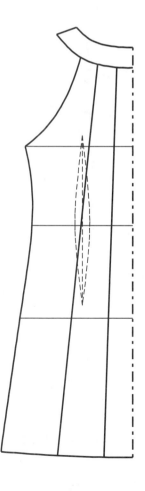

图 6 - 10

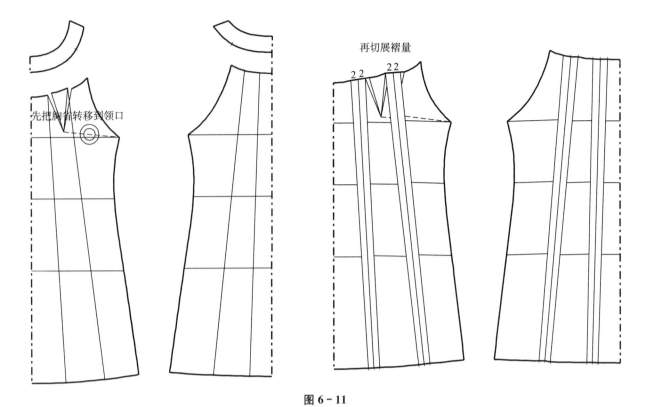

先把胸省转移到领口

再切展褶量

图 6 - 11

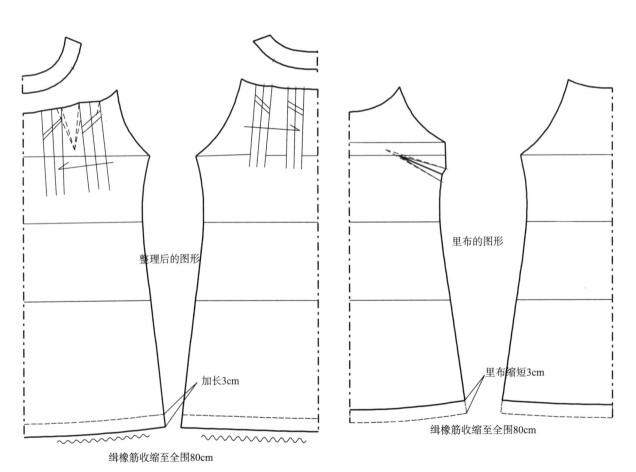

整理后的图形

里布的图形

加长3cm

里布缩短3cm

缉橡筋收缩至全围80cm

缉橡筋收缩至全围80cm

图 6 - 12

第五节　斜褶

见图 6 – 13～图 6 – 19。

单位：cm

制图部位	制图尺寸
后中	72
胸围	90
腰围	73
肩宽	36
袖长（参考尺寸）	
袖口	30
袖肥	32
袖窿	44

图 6 – 14

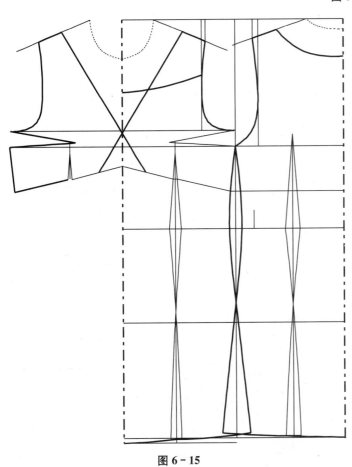

图 6 – 15

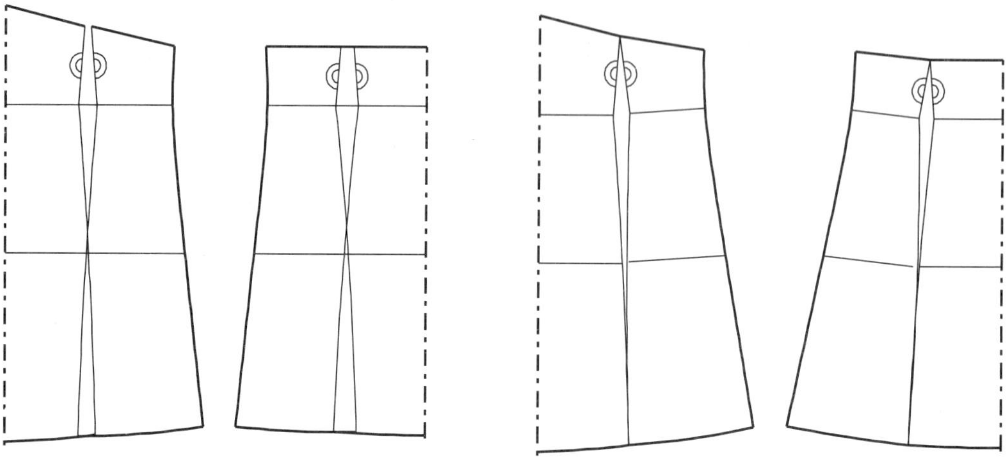

图 6 - 16

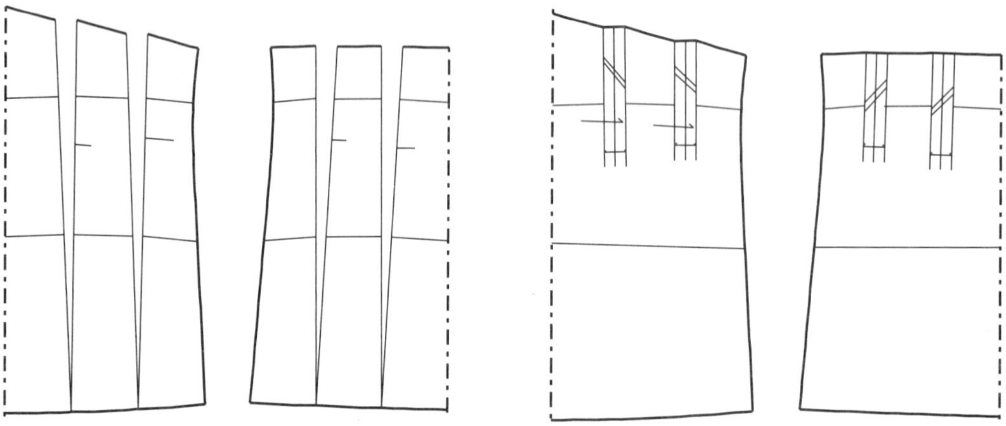

图 6 - 17

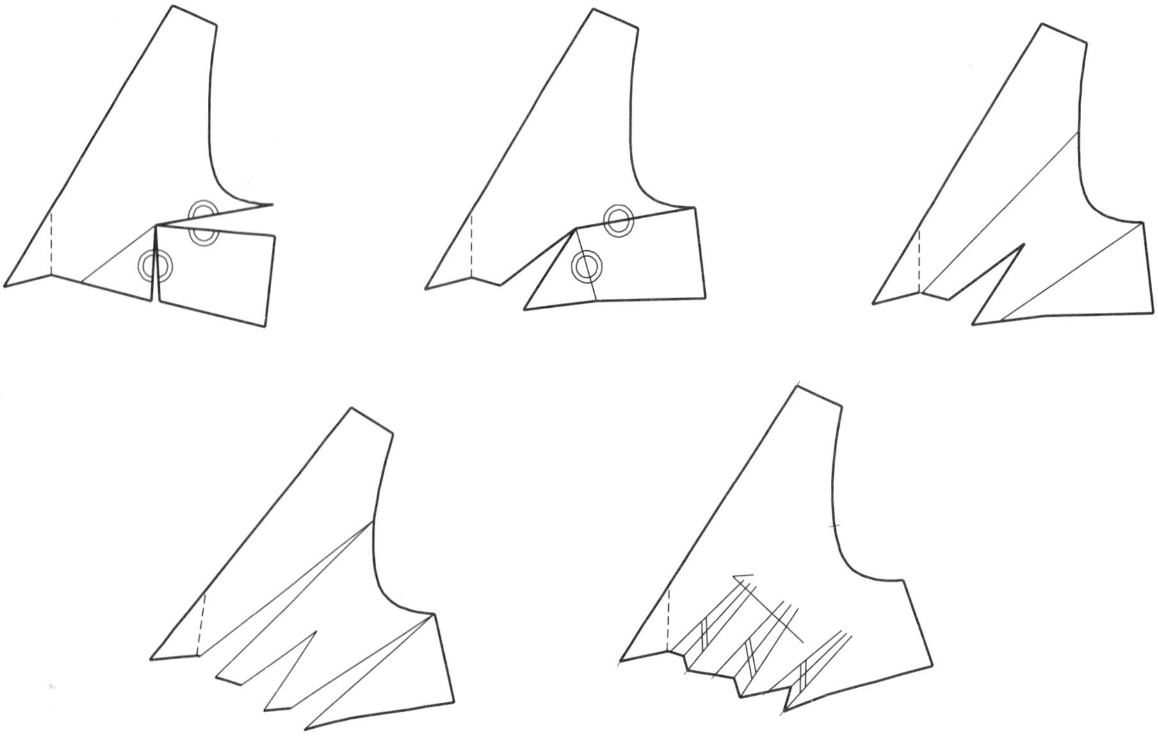

图 6 - 18

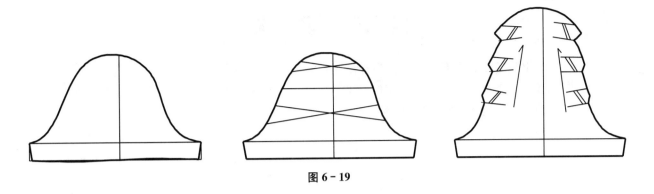

图 6 - 19

第六节 领口省

见图 6 - 20。

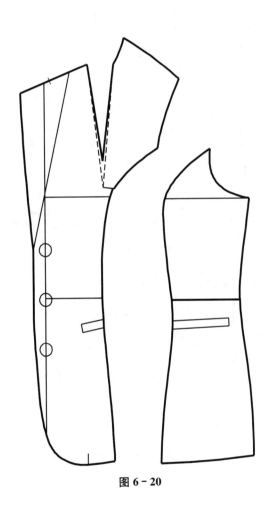

图 6 - 20

第七节　驳头省

（1）直接画出隐藏在驳头下面的的驳头省，见图6-21。

（2）掰开裁片做成直形的驳头省，见图6-22。

（3）掰开裁片做成的弯形驳头省，见图6-23。

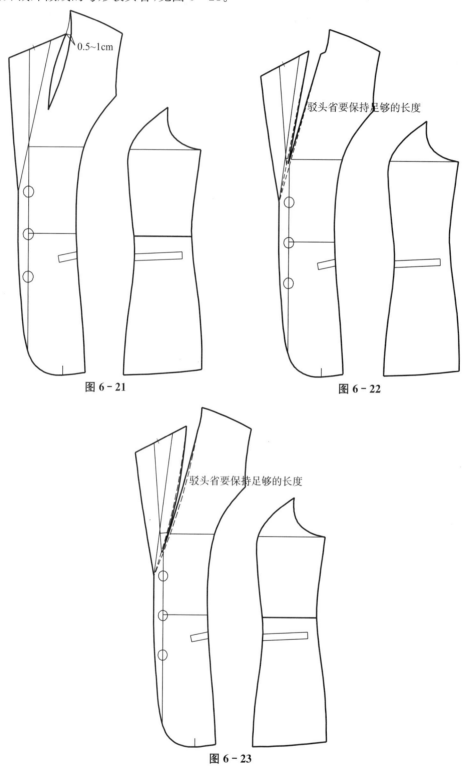

图6-21　　　　　　　　　　　　　　图6-22

图6-23

第七章　西装新板型

第一节　公主缝女西装

公主缝又称刀背缝,源于英国皇妃所喜爱的款式,并因而得名。公主缝结构具有明显的收腰效果,线条柔和顺畅,极具立体感,表现出高雅端庄,充满活力的女性美,是女装中最常见的款式结构,见图7-1、图7-2。

单位:cm

测量部位	测量尺寸
后中长	65.5
胸围	93
腰围	77
摆围	102
肩宽	38.5
袖长	59
袖口	24
袖肥	32.5
袖窿	45

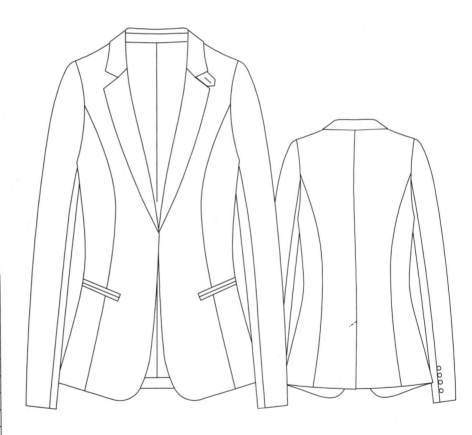

图7-1

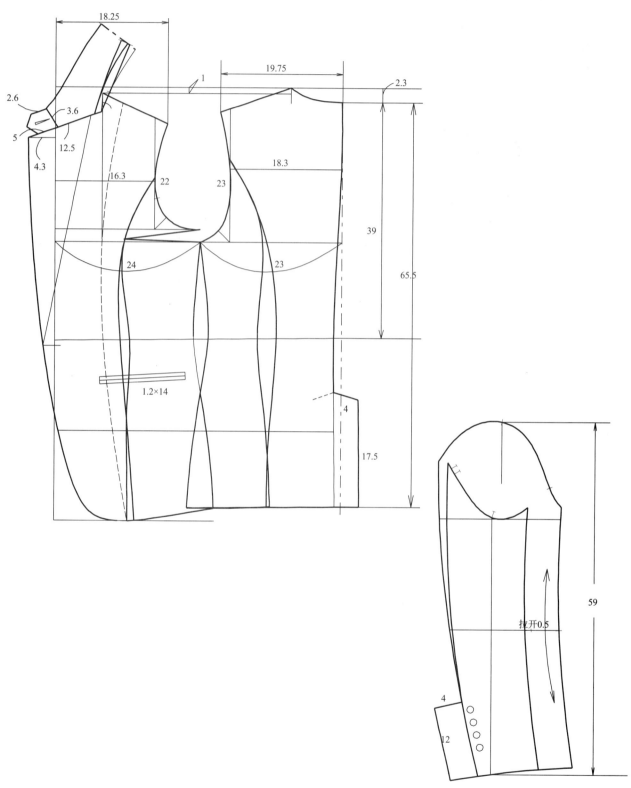

图 7 - 2

1. 公主缝前、后线条长度差数的处理

公主缝相拼合的两条线常常会有少量的差数，处理这个差数的方法有两种。第一种，面料疏松、有弹性的把长的线条在胸高点和后背处归拢；第二种，面料比较紧密无弹力，则把长短差数互相调节至一样长度，见图 7 - 3、图 7 - 4。

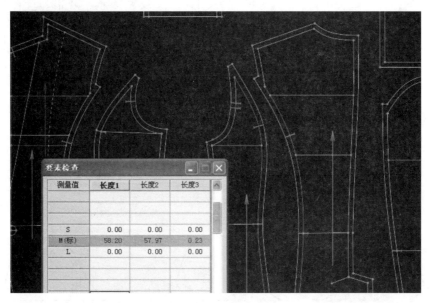

图 7 - 3

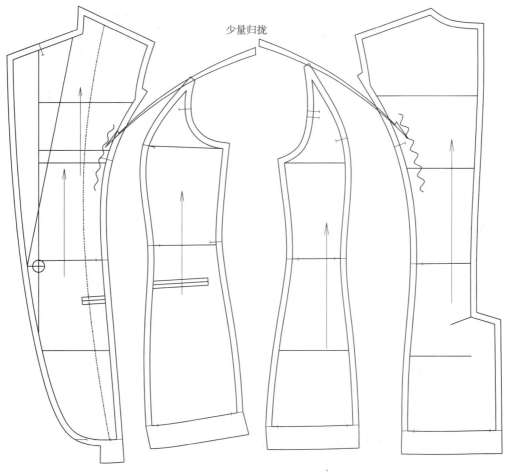

图 7 - 4

2. 西装袖的画法和要点(图7-5～图7-7)

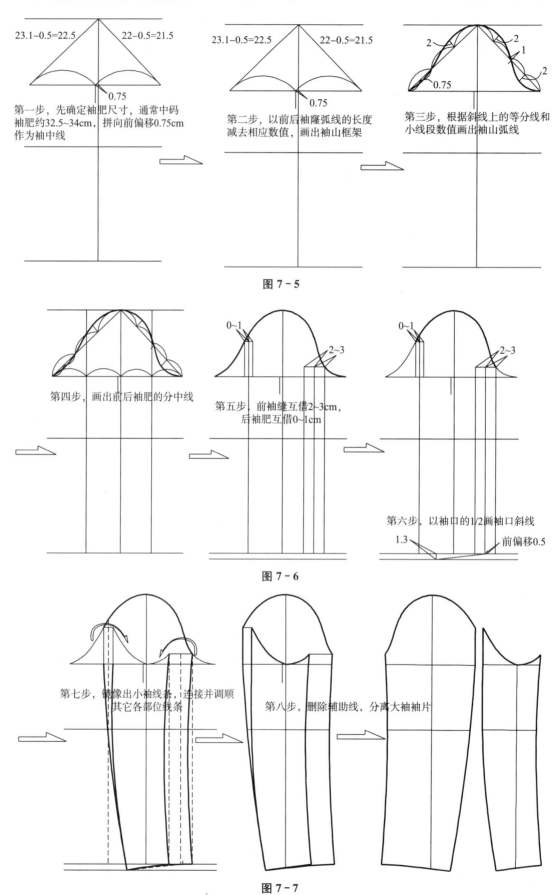

第一步，先确定袖肥尺寸，通常中码袖肥约32.5～34cm，拼向前偏移0.75cm作为袖中线

第二步，以前后袖窿弧线的长度减去相应数值，画出袖山框架

第三步，根据斜线上的等分线和小线段数值画出袖山弧线

图7-5

第四步，画出前后袖肥的分中线

第五步，前袖缝互借2～3cm，后袖肥互借0～1cm

第六步，以袖口的1/2画袖口斜线

图7-6

第七步，镜像出小袖线条，连接并调顺其它各部位线条

第八步，删除辅助线，分离大袖袖片

图7-7

3. 大袖前袖缝需要强力拉开(图 7 - 8)

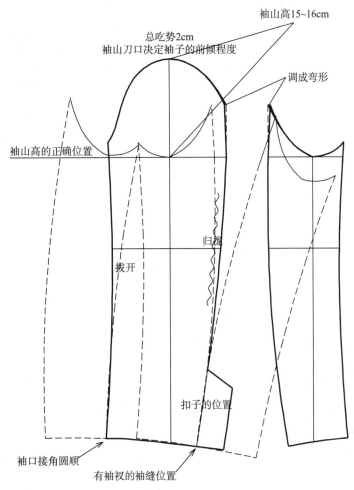

图 7 - 8

（1）大袖的前袖缝需要拔开 0.3～0.5cm，见图 7 - 9、图 7 - 10。

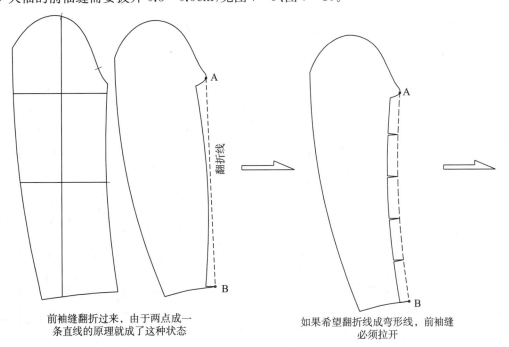

前袖缝翻折过来，由于两点成一
条直线的原理就成了这种状态

如果希望翻折线成弯形线，前袖缝
必须拉开

图 7 - 9

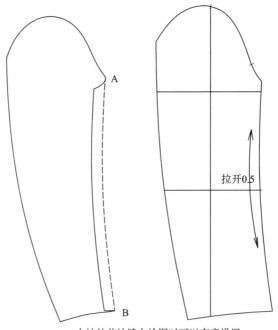

大袖的前袖缝在绘图时可以有意设置
得短一些，缝制是运用归拔的原理强力拉开，
熨烫定型，这样的西装袖效果会更好

图 7 - 10

4. 西装袖怎样调整倾斜度

西装袖倾斜度调整方法和一片袖的相同，也是把袖山刀口前移 0.5~1cm，其它刀口、袖山弧线长度和袖口也同步调整，见图 7 - 11。

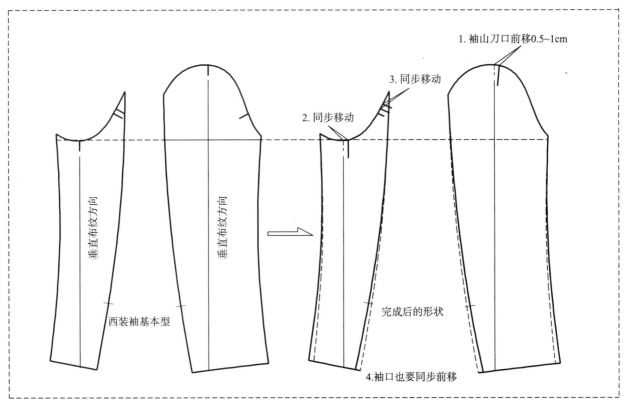

图 7 - 11

5. 西装袖怎样调整弯度

调整西装袖的弯度有两种方法,第一种是把西装袖的大、小袖口都向前拉伸1～3cm,见图7 - 12。第二种方法是把西装袖的大小袖在袖肘部位切展1～1.5cm,见图7 - 13。

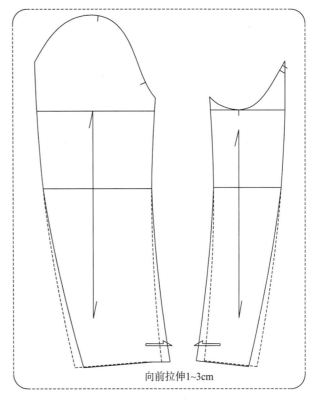

向前拉伸1~3cm

图 7 - 12

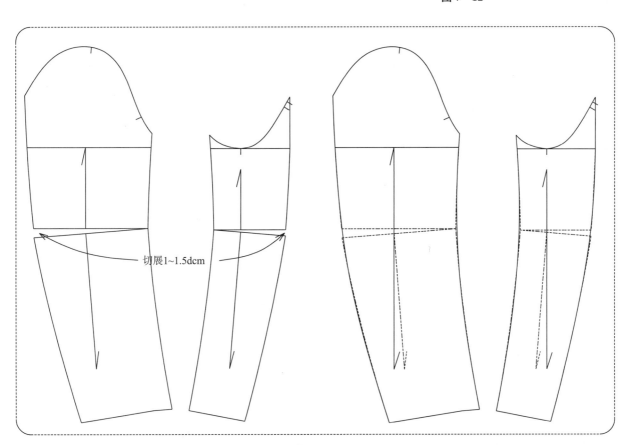

切展1~1.5dcm

图 7 - 13

6. 袖口折边的调节处理

袖口折边翻转以后,就出现了内外圆差数的状态,但这个微小的数值常常被大家所忽略,而导致袖口不服贴,解决的方法是把袖口折边的四个角都根据面料厚度减少 0.15～0.25cm。同样的原理,下摆的折边也需要做这样的处理,见图 7－14。

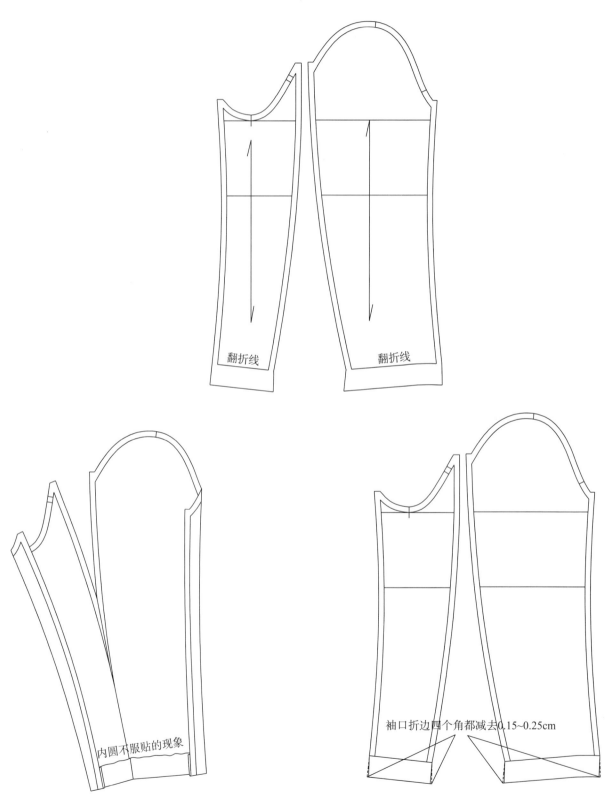

图 7－14

5. 袖口线条对接的顺直调节

袖口完成后,要求无论是扁形摆放还是自然悬挂,都要平直顺畅。可以把大、小袖口的线条对接后进行调整,见图 7-15~图 7-17。

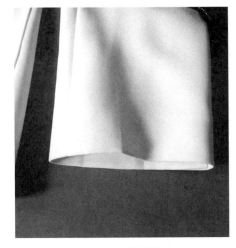

图 7-15　不平整的袖口

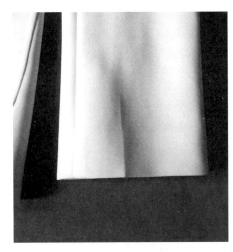

图 7-16　平整的袖口

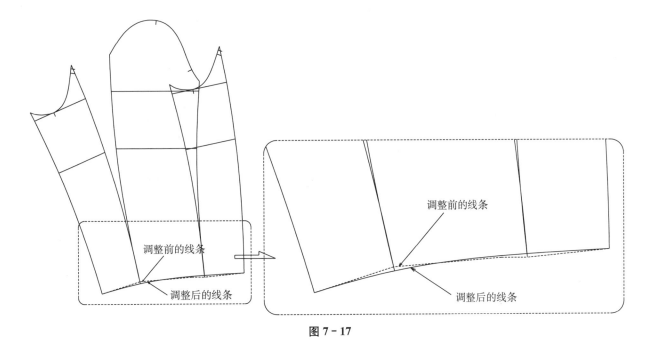

图 7-17

7. 袖里布加松量

袖里布加松量可以达到两个目的:(1) 由于袖窿底部的缝边是直立的,它占有一定的空间,袖里布的底部上移 1.5cm 可使面布更加平服顺畅;(2) 由于里布是一些薄而滑的材料,如果和面布一样有 3cm 的吃势就很难缝纫,袖窿底部上移,可以同时减少里布袖山的吃势,见图 7-18。

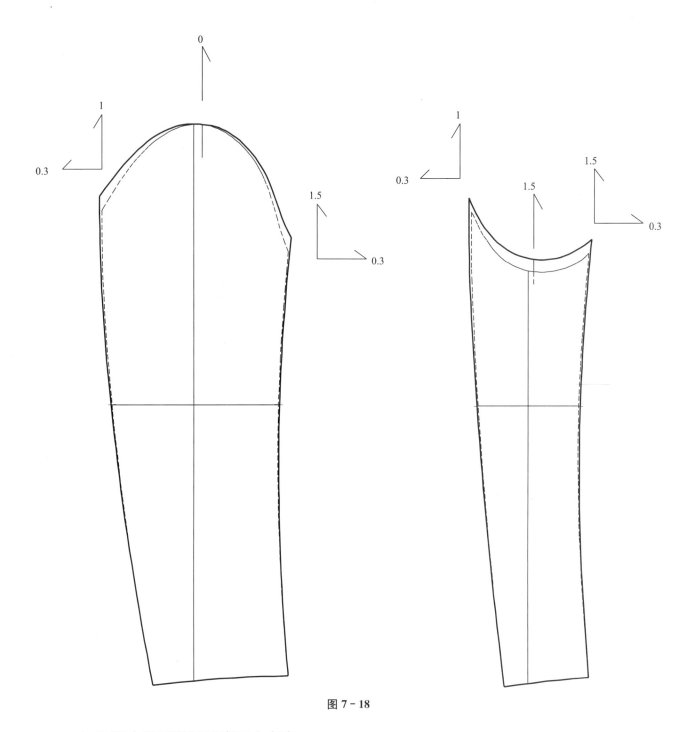

图 7 - 18

8. 怎样安装西装袖袖底不会多布

西装袖安装完成后,要求整体适当前倾,袖山圆顺自然,袖底没有多布。在做样衣的时候我们可以用以下十二步来完成,见图 7 - 19～图 7 - 26。

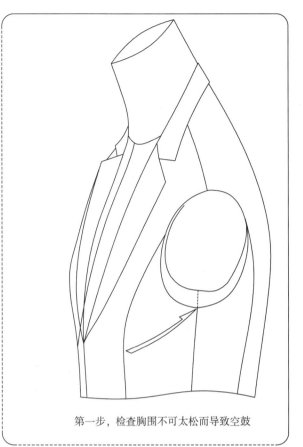

第一步，检查胸围不可太松而导致空鼓

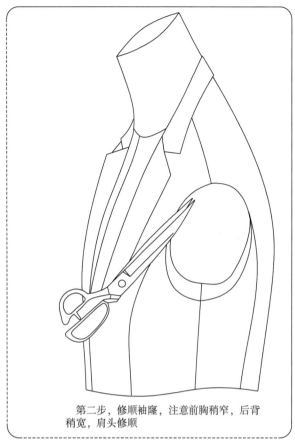

第二步，修顺袖窿，注意前胸稍窄，后背
稍宽，肩头修顺

图 7－19

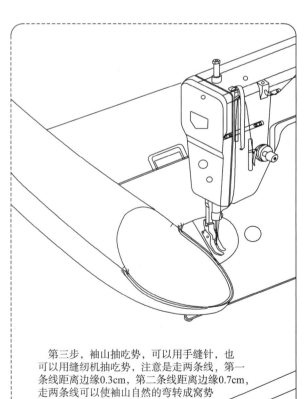

第三步，袖山抽吃势，可以用手缝针，也
可以用缝纫机抽吃势，注意是走两条线，第一
条线距离边缘0.3cm，第二条线距离边缘0.7cm，
走两条线可以使袖山自然的弯转成窝势

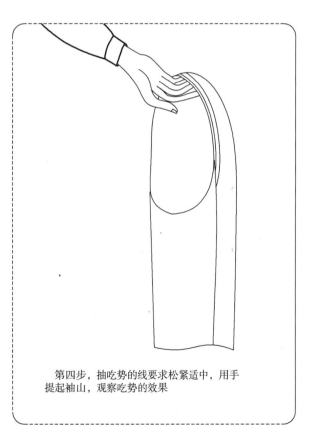

第四步，抽吃势的线要求松紧适中，用手
提起袖山，观察吃势的效果

图 7－20

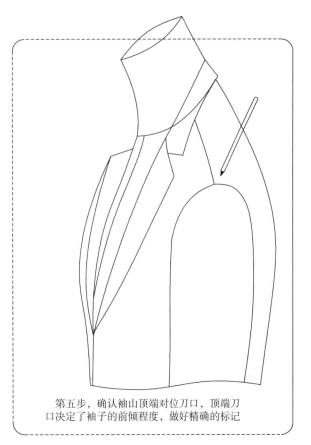

第五步，确认袖山顶端对位刀口，顶端刀口决定了袖子的前倾程度，做好精确的标记

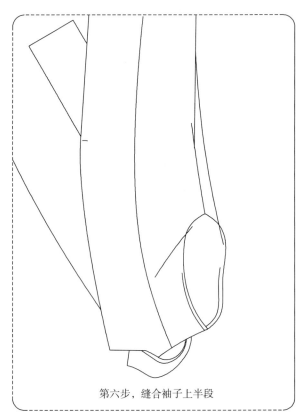

第六步，缝合袖子上半段

图 7-21

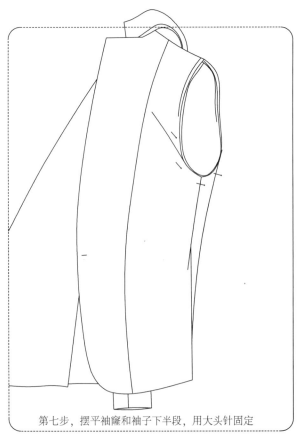

第七步，摆平袖窿和袖子下半段，用大头针固定

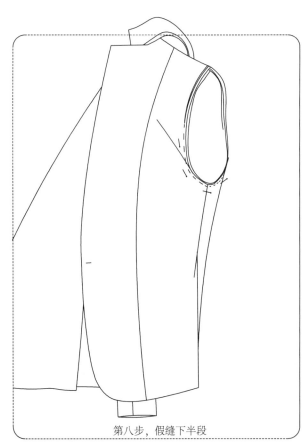

第八步，假缝下半段

图 7-22

第九步，观察穿着人台上的效果，袖底不可有多布的现象

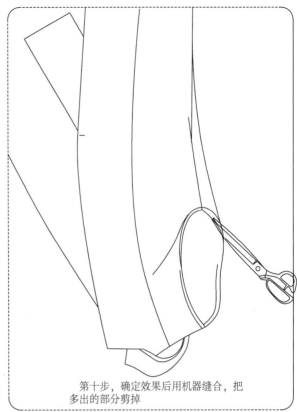

第十步，确定效果后用机器缝合，把多出的部分剪掉

图 7 - 23

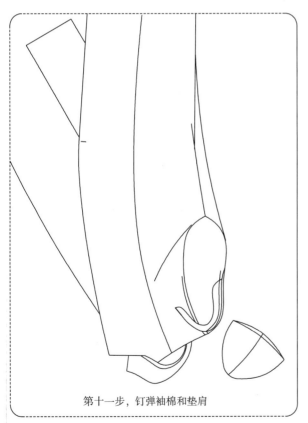

第十一步，钉弹袖棉和垫肩

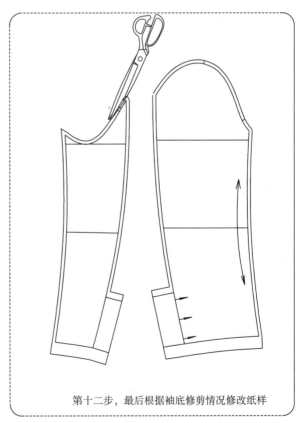

第十二步，最后根据袖底修剪情况修改纸样

图 7 - 24

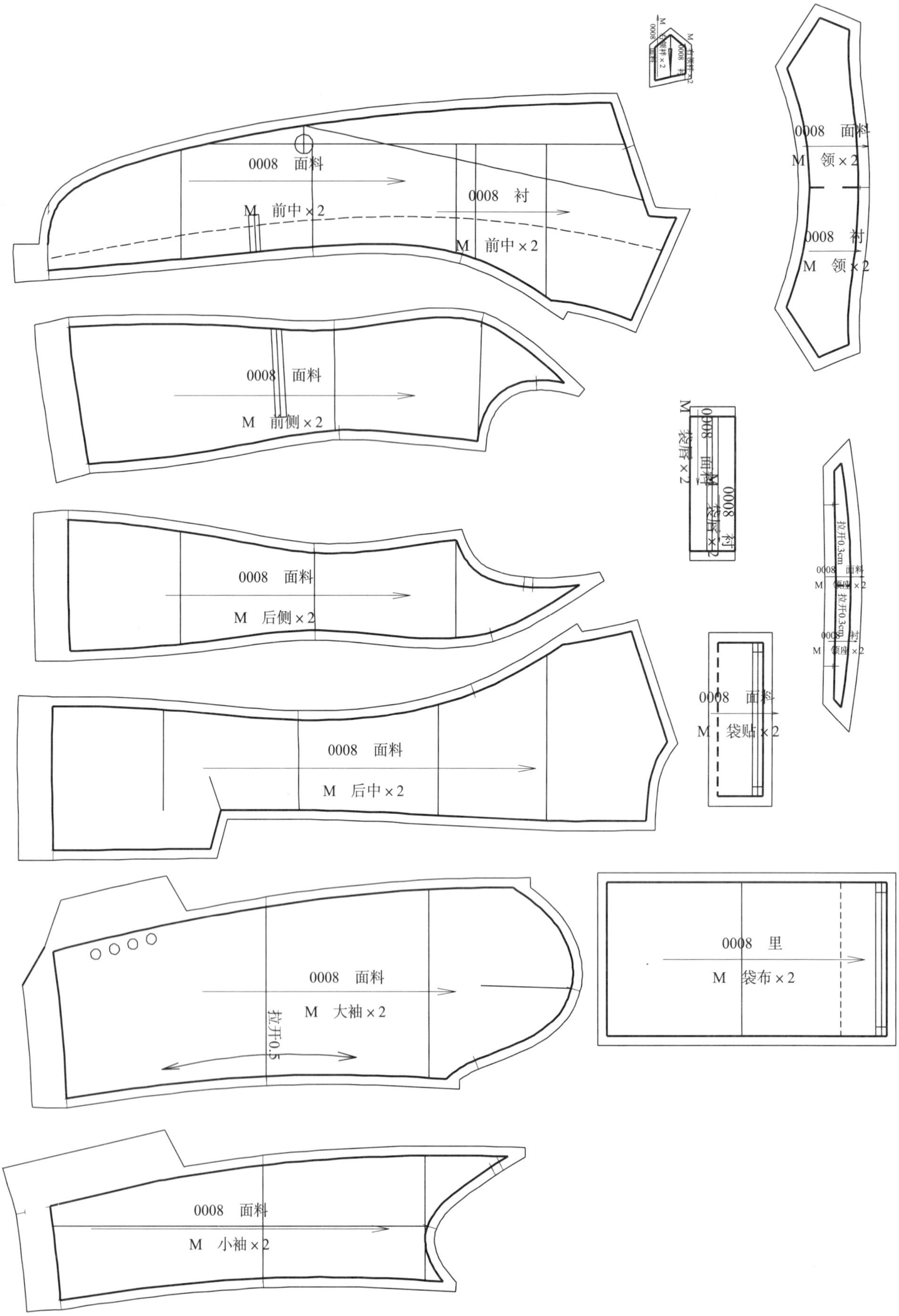

0008　面料
M　前中×2

0008　衬
M　前中×2

0008　面料
M　前侧×2

0008　面料
M　后侧×2

0008　面料
M　后中×2

0008　面料
M　大袖×2
拉开0.5

0008　面料
M　小袖×2

0008　面料
M　领×2

0008　衬
M　领×2

0008　面料
M　袋唇×2

0008　衬
M　袋唇×2

拉开0.3cm
0008　面料
M　领座×2
拉开0.3cm
0008　衬
M　领座×2

0008　面料
M　袋贴×2

0008　里
M　袋布×2

图 7－25

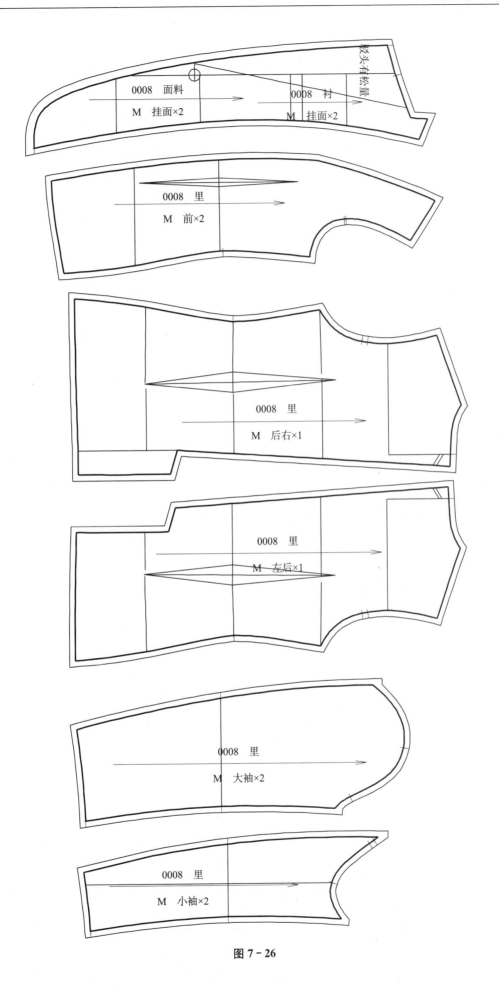

图 7 - 26

第二节 低驳头三开身女西装

见图 7 – 27、图 7 – 28。

单位：cm

测量部位	测量尺寸
后中长	64
胸围	93.5
腰围	80
臀围	100.5
摆围	
肩宽	40
袖长	59
袖口	25.5
袖肥	33.5
袖隆	46

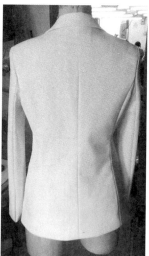

图 7 – 27

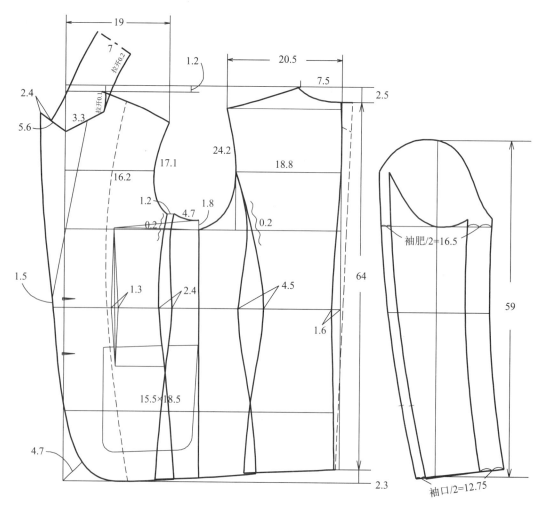

图 7 – 28

1. 三开身结构要点

三开身是指西装半边为三片式结构的款式,男装三开身从肋下分割主要是为了方便于转腹省,由于男装的放松量很大,整体结构是前低后高,没有胸省,当这种结构直接运用到女装上时,常常会出现不合体的现象。

前上平线下移 1.2cm,这个 1.2cm 是由于三开身通常驳头都比较低,前胸部位没有受力点,容易出现松散和泡起的弊病,下移 1.2 可以使翻折线变短,衣身更加贴身。因此可以理解为劈去 1.2 是低驳头导致翻折线长出来的量。

如果是高驳头和关门领款式可以减少这个数值,或者不需要这个处理。

2. 口袋的形状(图 7–29)

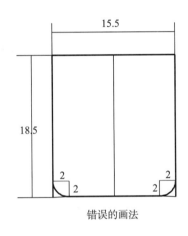

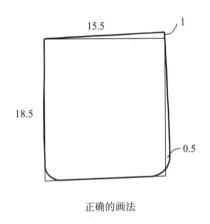

图 7－29

3. 驳头、领嘴和袋盖的线条形状

驳条、领嘴和袋盖这些部位的线条如果画成直线,在缝制、翻转、整烫后,这些部位就不会呈直线形状,而是呈少量内弯的形状。因此,我们在画这些部位的线条时根据布料厚度适当外调,这样处理后完成的效果才接近直线,见图 7–30、图 7–31。

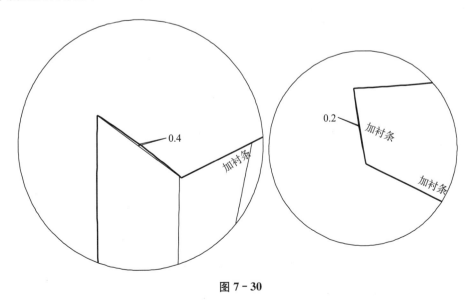

图 7－30

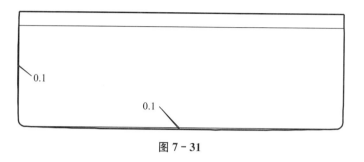

图 7 - 31

4. 领脚需要少量拉开(图 7 - 32)

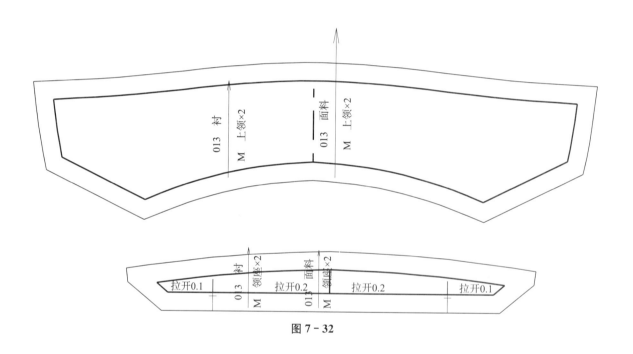

图 7 - 32

5. 门襟的造型

　　门襟由驳头和下摆组成,对门襟的造型要根据流行趋势来研究,这个看似简单图形,却有着对线条、造型审美的很深内涵,它们之间细微的变化都表达着不同的意境。对于领型、口袋、袋盖的造型也要这样去理解,图 7 - 33、图 7 - 34。

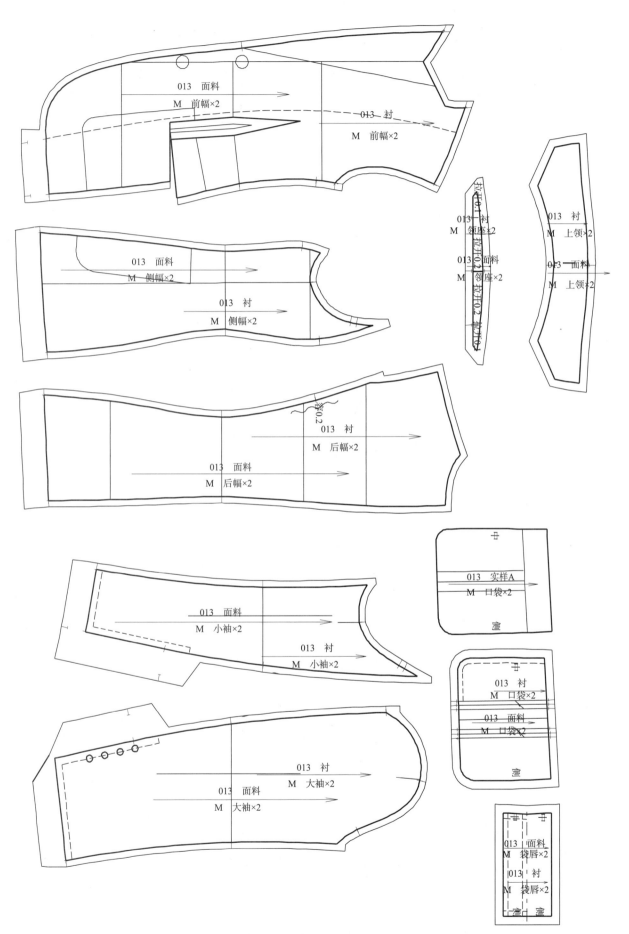

013　面料
M　前幅×2

013　衬
M　前幅×2

013　衬
M　领座×2

013　面料
M　领座×2

013　衬
M　上领×2

013　面料
M　上领×2

013　面料
M　侧幅×2

013　衬
M　侧幅×2

013　衬
M　后幅×2

013　面料
M　后幅×2

013　实样A
M　口袋×2

013　面料
M　小袖×2

013　衬
M　小袖×2

013　衬
M　口袋×2

013　面料
M　口袋×2

013　衬
M　大袖×2

013　面料
M　大袖×2

013　面料
M　袋唇×2

013　衬
M　袋唇×2

图 7-33

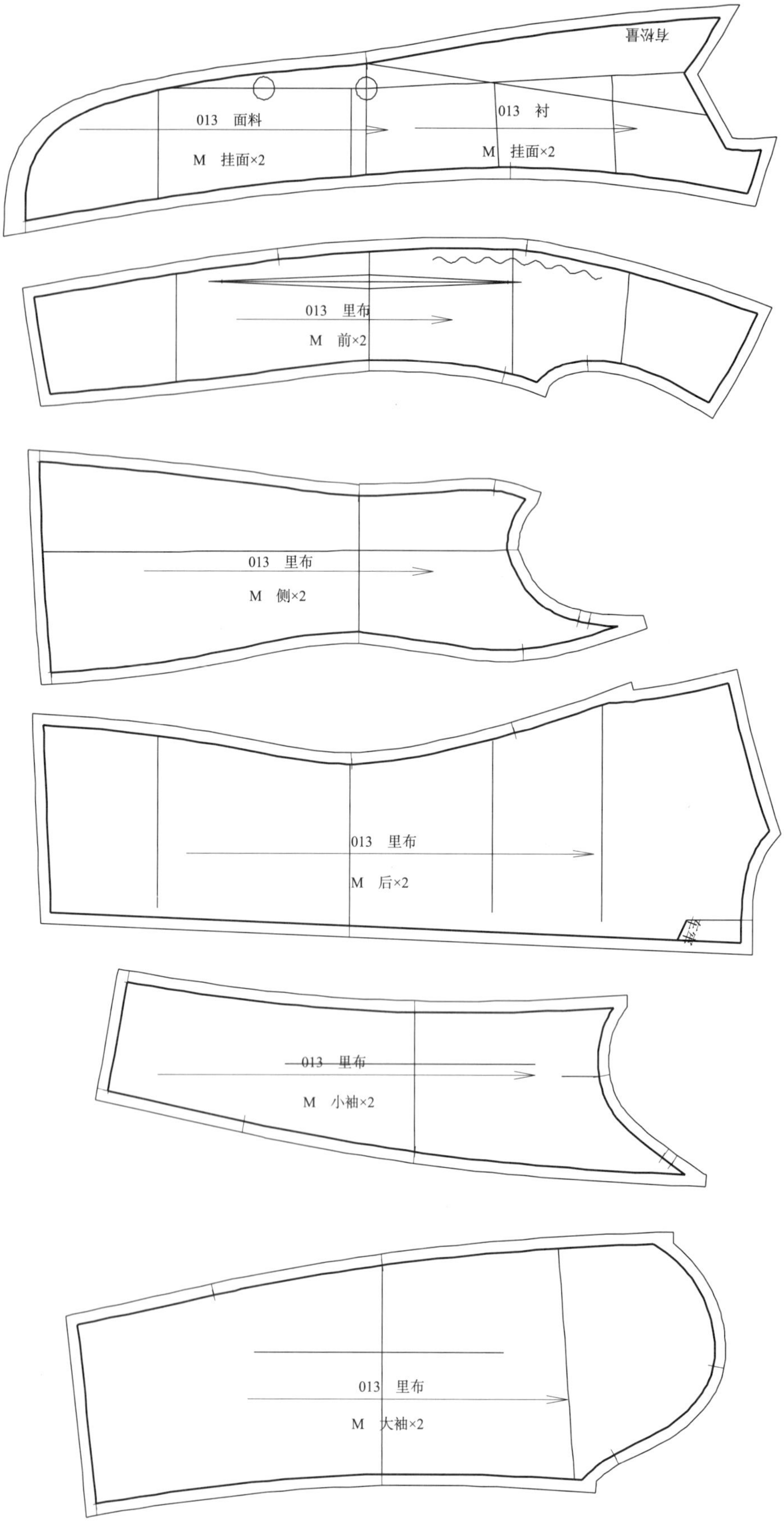

013　面料

M　挂面×2

013　衬

M　挂面×2

013　里布

M　前×2

013　里布

M　侧×2

013　里布

M　后×2

013　里布

M　小袖×2

013　里布

M　大袖×2

图 7 - 34

第三节　四开身和三开身的互相转换

在实际工作中,有时需要把四开身结构和三开身结构互相切换,这种互换需要对两种结构都熟练了解,并且要充分考虑到相关的情况变化。

1. 四开身换成三开身

首先把四开身结构的胸省还原,或者用没有转移胸省的图稿来查看胸省量的数值大小,因为胸省量和新款式驳头的深度、上平线的高度有对应的关系,见图7-35~图7-37。

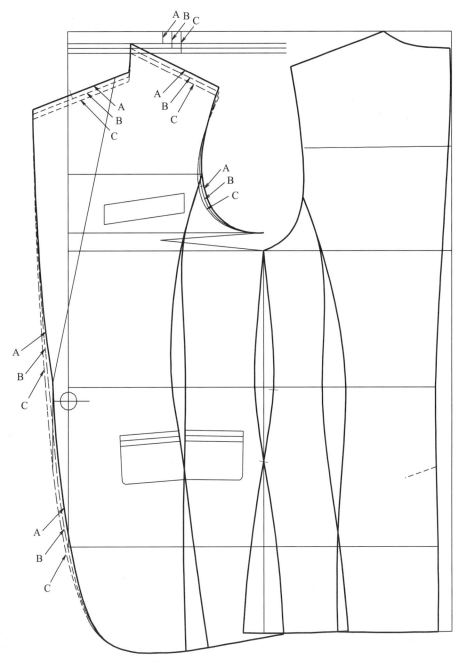

第一步,查看胸省量。驳头越低,上平线越向下移胸省量越小,前胸宽也会变的越窄

图7-35

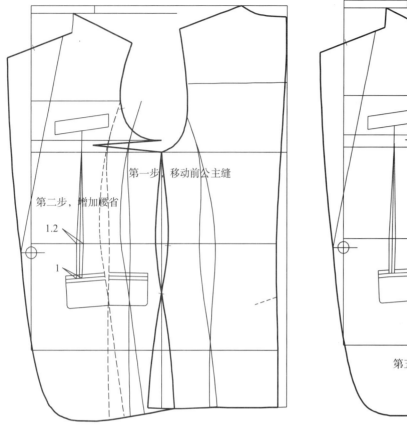
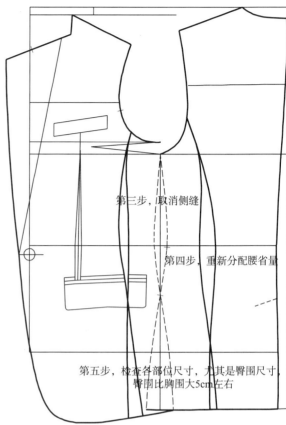

第一步，移动前公主缝

第二步，增加腰省

1.2

1

第三步，取消侧缝

第四步，重新分配腰省量

第五步，检查各部位尺寸，尤其是臀围尺寸，臀围比胸围大5cm左右

图 7－36

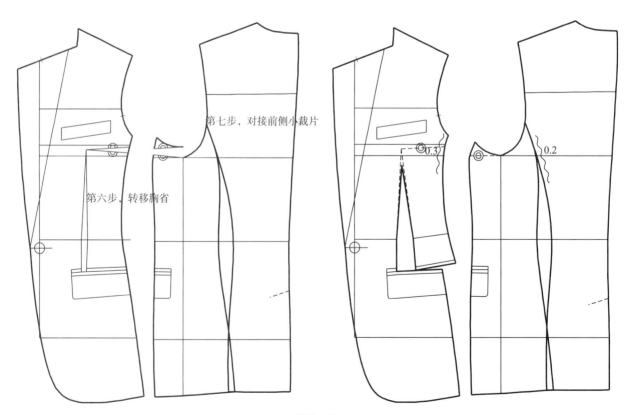

第七步，对接前侧小裁片

第六步，转移胸省

0.3

0.2

图 7－37

2. 三开身换成四开身(图7-38～图7-40)

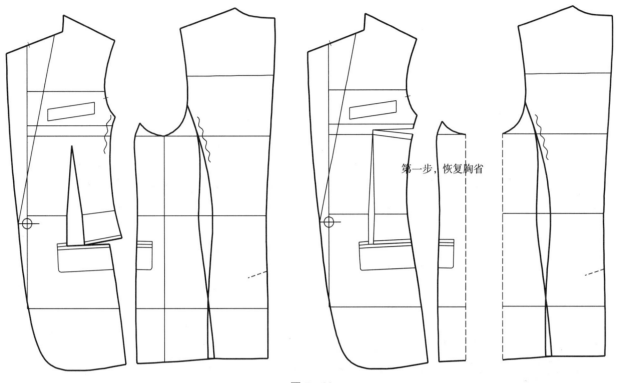

第一步，恢复胸省

图 7 - 38

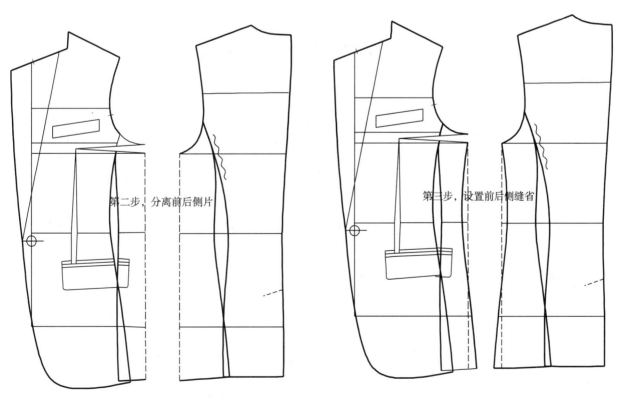

第二步，分离前后侧片

第三步，设置前后侧缝省

图 7 - 39

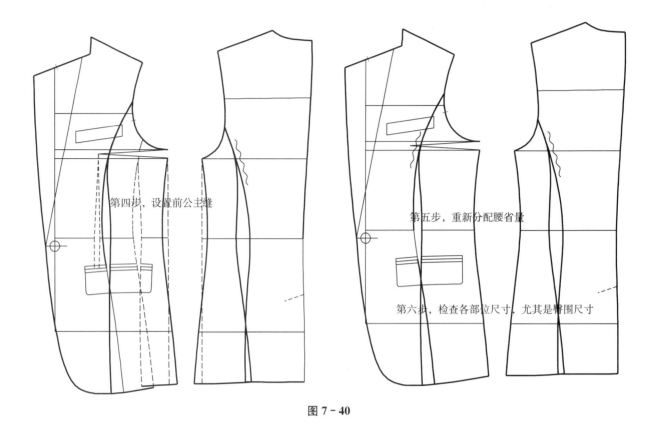

第四步，设置前公主缝

第五步，重新分配腰省量

第六步，检查各部位尺寸，尤其是臀围尺寸

图 7 - 40

第四节　上装细节尺寸的调整与变化

1. 三围

同样一款衣服,由于公司风格、客户习惯和销售对象的不同,三围和其它尺寸的设置会有很大的差别。以女西装胸围为例,偏小的尺寸可以设置为92cm,依据是中码人台的净胸围为84～86cm,取最小的数值84＋放松量8cm等于92cm,如果是弹力面料,还可以再小一些,可以设置为90cm,而偏大的尺寸可以设置到97.5cm。

初学者往往只能按图索骥,不会随机变化,其实打板的数值都是灵活的,这里列举相关的变化规律。

2. 前公主缝位置与胸省、上平线的关系

上平线的高度不仅和驳头的高度有关系,还和前公主缝的位置有对应关系,见图7-41。

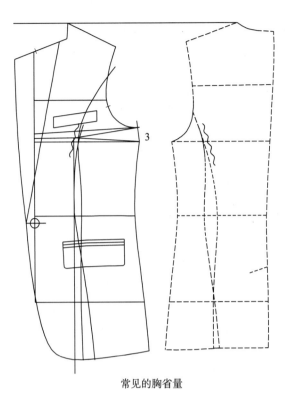

常见的胸省量

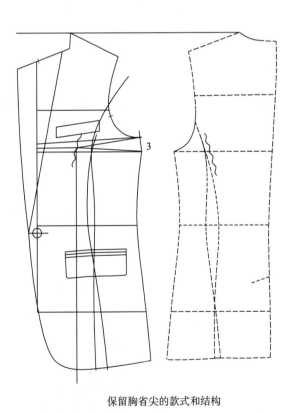

保留胸省尖的款式和结构

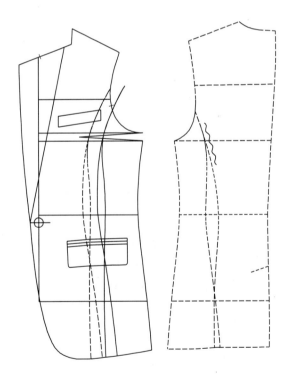

改变上平线的高度和胸省量

图 7 - 41

3. 前胸宽、后背宽、前后肩斜和前袖窿、后袖窿的弯度变化,图(7-42)。

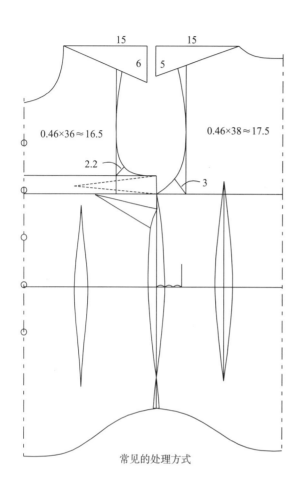

常见的处理方式

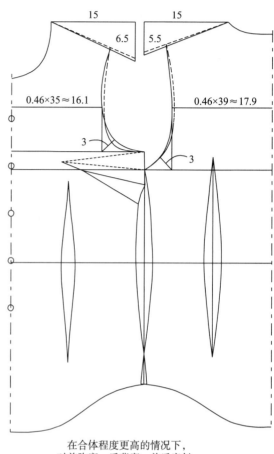

在合体程度更高的情况下,
对前胸宽、后背宽、前后肩斜、
前后袖窿弯度的调整

图 7 - 42

4. 前后领横差数

一般情况下,前后领横的差数为1cm(半边计算),但是在胸省不超过3cm或者面料弹性大的情况下,还可以增大,见图7-43。

需要说明的是,有的板师把上衣门襟的前胸劈去一定的量,这种做法其实就是减少前领横,即增大前后领横的差数,而并不是通常所说的撇胸和撇门,见图7-44。

5. 胸省

从理论上讲,胸省量越大,服装合体程度越高。但是,并没有必要把胸省量的数值设置得过分大,因为胸省量太大,服装整体就只有胸部突起,在用衣架挂起或者平放在桌面上的时候就会显得不平服,因此胸省量和一些其它部位的数值一样,也是一个非常灵活的数值,在有特殊要求的情况下,可以增大到4~5cm,而通常情况下,只需要3cm以下就可以了,因为通常的服装毕竟不同于塑身内衣。

前领横和后领横的差数可以增大到1.5cm

8   9.5

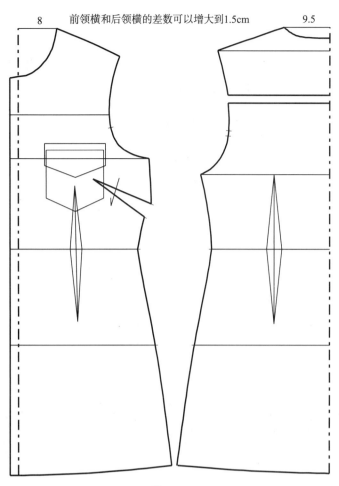

图 7－43

只是前领横变小，其它没有变化

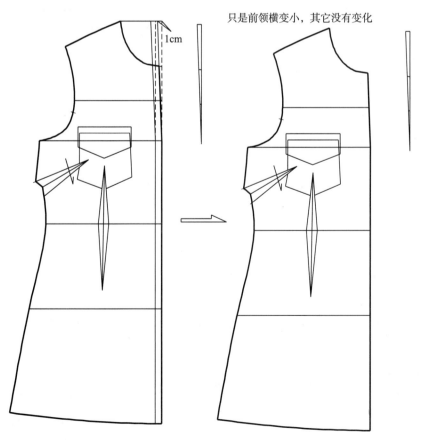

1cm

图 7－44

6. 领子外围

　　领子外围的尺寸,包括衬衫领、立领、西装领、青果领、披肩领等都是可以调节的,以达到在领子自然立起或者翻转后领面平整,自然为度,见图 7 - 45。

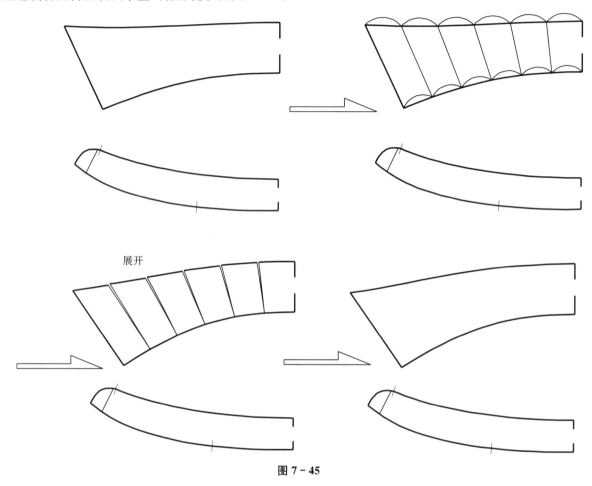

展开

图 7 - 45

第八章　针织衫新板型

第一节　针织面料特征和打板要领

（1）针织服装从面料方面可分为无弹力、中弹力和高弹力，而款式方面也可以分为贴体类、合体类和宽松类。

（2）由于针织面料是以线圈穿套的方式织成的，受力时伸长，不受力时就回缩，有很大的弹性，为了控制产品的尺寸，有的部位在工艺上采用直纹布条、纱带或者胶带来加以固定处理。

（3）同样由于弹性较大的原因，针织服装采用有弹性的针织衬，而不采用普通无弹性的无纺衬。

（4）由于针织面料在裁剪时断面容易脱散，因此常常采用包缝、卷边、滚边和绱罗纹的处理方式。

（5）针织面料的横纹在截断后会出现自然卷曲的现象，现代时装设计中，有时会利用这种特征做自然卷曲的边缘处理。

第二节　有胸省针织衫基本型

见图 8-1、图 8-2。

单位：cm

制图部位	制图尺寸
后中	56
胸围	84
腰围	74
摆围	84
肩宽	34.5
袖长	58
袖口	18
袖肥	29
袖窿	41

图 8-1

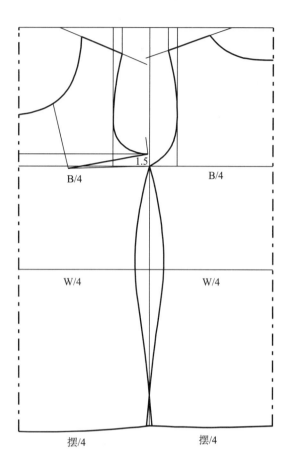

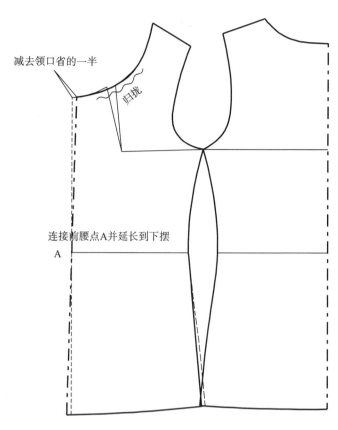

图 8-2

第三节 无省针织衫基本型(图8-3、图8-4)。

单位：cm

制图部位	制图尺寸
后中长	65
胸围	88
腰围	78
肩宽	36
袖长	58
袖口	18
袖肥	30
袖隆	43

图 8-3

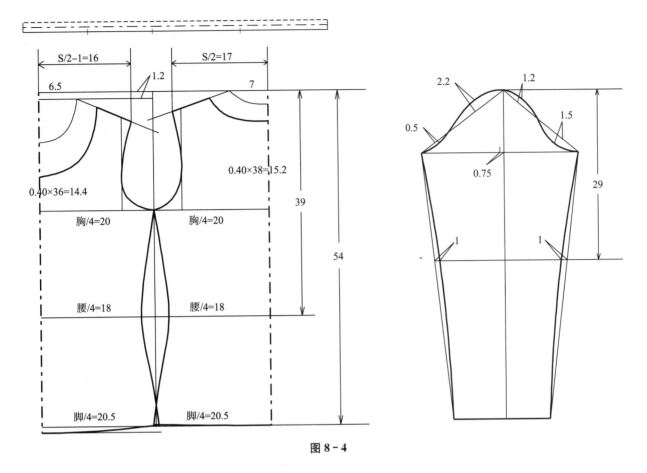

图 8-4

第三节　宽松针织衫板型

当针织衫的胸围尺寸增大到一定程度成为宽松型的时候,袖窿下部容易出现褶痕,新板型设有1.5cm胸省,并把胸省转移到领口,再分散处理,这样就能有效地解决这样的弊病,见图8-5～图8-7。

单位cm

制图部位	制图尺寸
后中长	65
胸围	88
腰围	78
肩宽	36
袖长	58
袖口	18
袖肥	30
袖窿	43

图 8-5

B/4　　　　　1.5　　　　B/4

W/4　　　　　　　　W/4

摆/4　　　　　　　摆/4

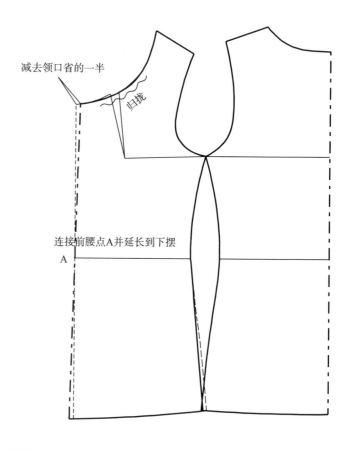

减去领口省的一半

归拢

连接前腰点A并延长到下摆

A

图 8 - 6

把前中多出的量在侧摆减去

图 8 - 7

第四节　针织背心

见图 8−8、图 8−9。

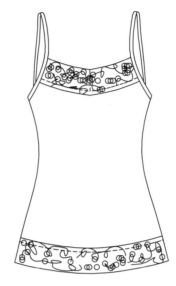

制图部位		制图尺寸
后中		36.5
胸围		82
腰围		72
下摆		84
吊带净长	参考尺寸	

单位：cm

图 8−8

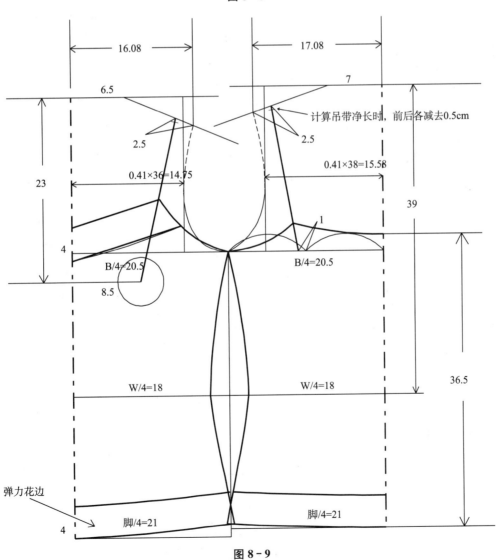

计算吊带净长时，前后各减去0.5cm

16.08

17.08

7

6.5

2.5　　2.5

0.41×36=14.75　　0.41×38=15.58

23

39

4

1

B/4=20.5　　B/4=20.5

8.5

W/4=18　　W/4=18

36.5

弹力花边

4　　脚/4=21　　脚/4=21

图 8−9

第五节　插肩袖针织衫

（1）合体型插肩袖针织衫，见图8-10、图8-11。

制图部位	制图尺寸
后中	58
胸围	84
腰围	74
摆围	86
袖长（肩颈点度）	69
袖口	20
袖肥	35

单位：cm

图 8-10

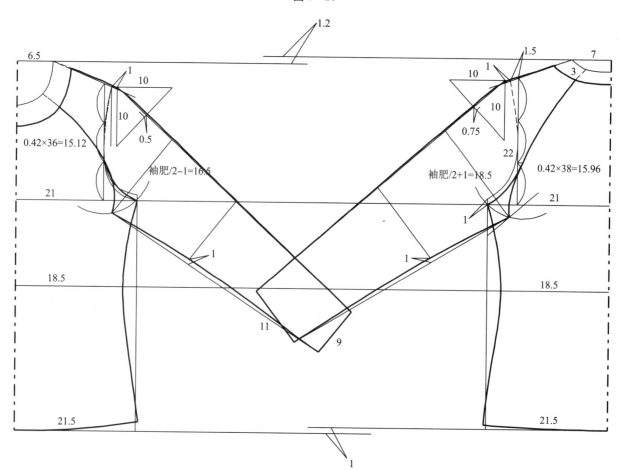

图 8-11

（2）宽松型插肩袖针织衫，见图8-12、图8-13。

单位：cm

制图部位	制图尺寸
后中	58
胸围	88
腰围	78
摆围	90
袖长（肩颈点度）	69
袖口	23
袖肥	37

图8-12

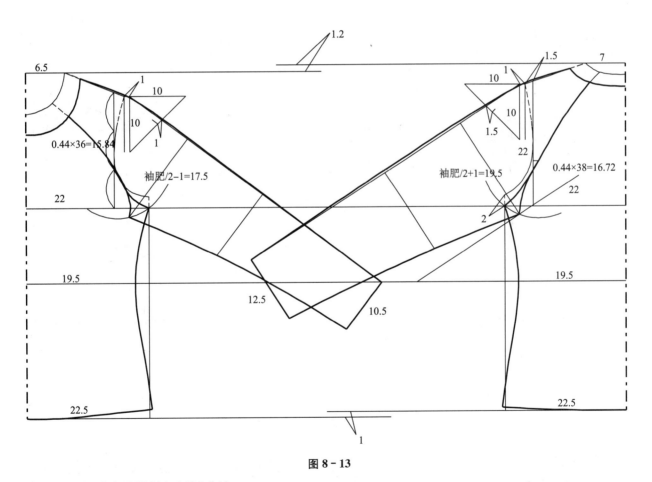

图8-13

（3）无袖中缝的针织衫插肩袖

当袖中线向上调节到一定程度时，就变成了以肩斜线直接延伸的结构，这时前、后袖肥和前、后袖口都由原来的2cm差数变成了1.2cm的差数，见图8-14、图8-15。

单位：cm

制图部位	制图尺寸
后中	58
胸围	88
腰围	78
摆围	90
袖长（肩颈点度）	69
袖口	23
袖肥	40

图 8－14

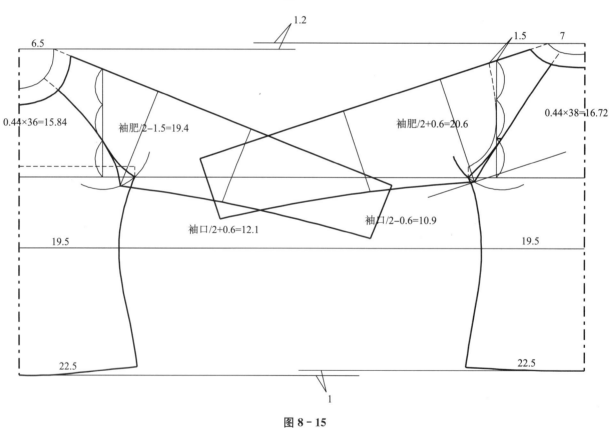

图 8－15

第六节　卫衣

　　卫衣起源于美国 20 世纪 30 年代冷藏库工人的工作服,是用比较厚的针织布做成,袖口和下摆都用罗纹布收紧,比较宽松、舒适,并且御寒,后来的众多年轻人赋予这种有帽子的服装以特殊的含义,认为帽子遮住面孔的同时又可以遮住灵魂,服装设计师们也设计出很多图案印在卫衣上,使之成为一种时尚的风气。现代的服装,把没有帽子的同类产品也统称为卫衣,见图 8－16～图 8－18。

单位：cm

制图部位		制图尺寸
后中长		66.5
胸围		10.4
摆围	（拉开）	100
	（放松）	80
肩宽		42
袖长		56.5
袖口	（拉开）	26.5
	（放松）	18
袖肥		38
袖隆		51

图 8 - 16

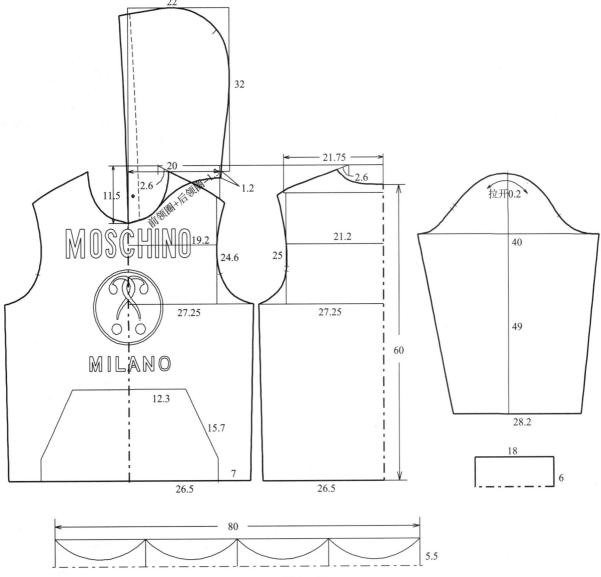

图 8 - 17

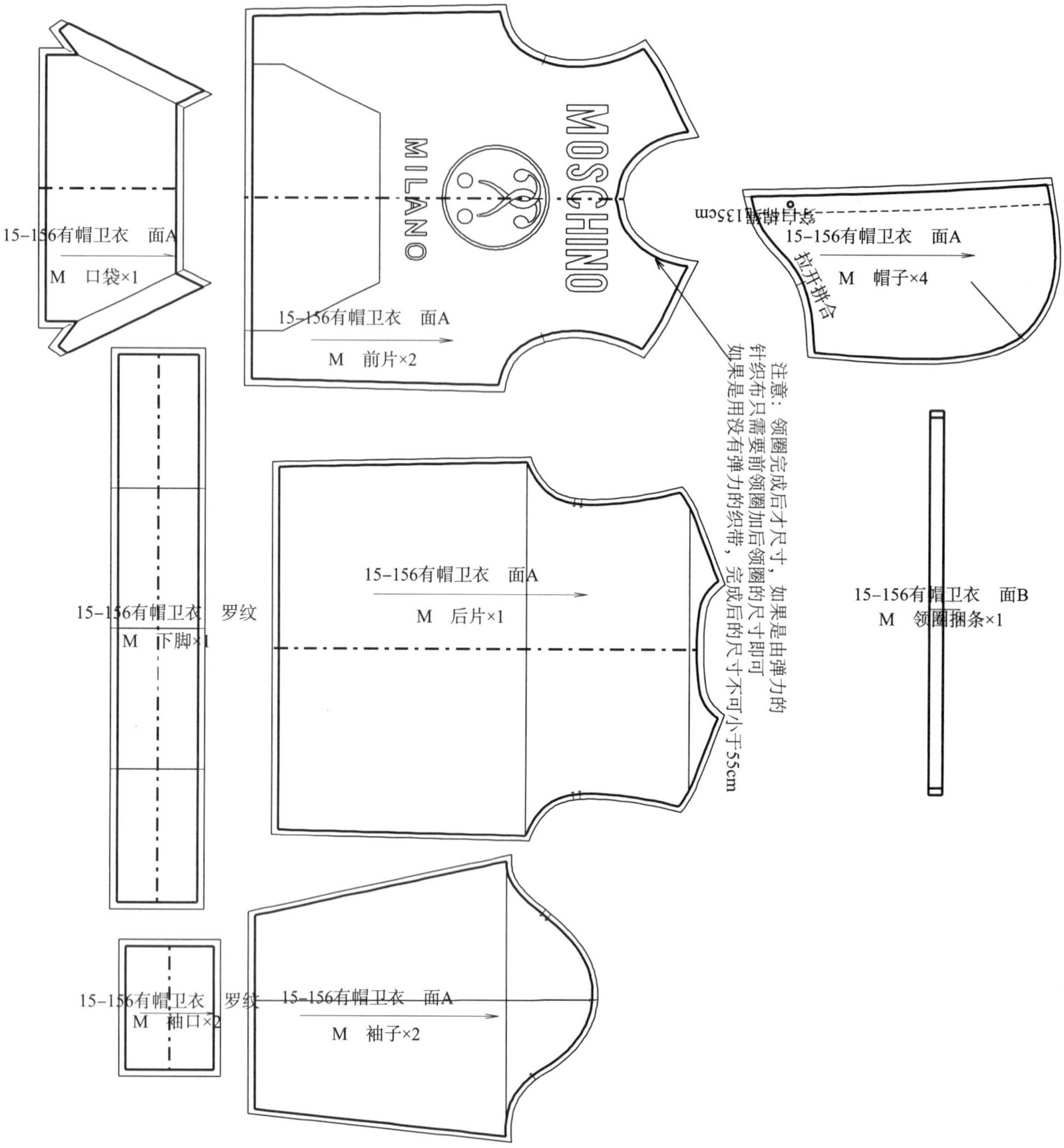
15-156有帽卫衣　面A
M　口袋×1
MOSCHINO
MILANO
15-156有帽卫衣　面A
M　前片×2
15-156有帽卫衣　面A
M　帽子×4
拉开拼合
注意：领圈完成后才尺寸，如果是由弹力的
针织布只需要前领圈加后领圈的尺寸即可
如果是用没有弹力的织带，完成后的尺寸不可小于55cm
15-156有帽卫衣　罗纹
M　下脚×1
15-156有帽卫衣　面A
M　后片×1
15-156有帽卫衣　面B
M　领圈捆条×1
15-156有帽卫衣　罗纹
M　袖口×2
15-156有帽卫衣　面A
M　袖子×2

图 8－18

第七节　针织服装款式变化

　　实际上，在当今时代，针织服装已经由单一的套头针织衫款式演变为多种多样的变化，用针织布做小西装、长裙等款式也很常见，可以和梭织服装一样设置胸省和腰省，有的也可以加里布，里布可采用有弹性的网布或者斜纹亚纱迪及色丁布，见图8-19。

图 8 - 19

第九章　坯布试制技术

第一节　坯布试制法和立体裁剪法的区别

坯布试制技术是相对于平面制图法和立体裁剪法而言的,平面制图法是由一代又一代的服装裁剪师傅在实际工作中积累出的技术,并经过不断地总结和优化,而得到人体规律和尺寸规律。这里的人体规律是指人体各个部位的尺寸和胸围尺寸存在一定的比例关系,了解了这种规律,凡是常见的款式和不太复杂的款式都可以用平面制图的方式进行绘图,并迅速分离出裁片而得到所需要的纸样。立体裁剪是用坯布在人体模型上采用多种手法直接做出服装的造型,再展开,复制成平面的纸样,立体裁剪适合于一些要求非常合体的、褶裥较多、造型独特、档次比较高的款式。

平面制图法和立体裁剪法两者之间存在着互相补充、互相借鉴的关系。

而坯布试制法和立体裁剪法相似,但不等同于立体裁剪法。因为这里融入了平面制图法的技术。

坯布试制法是工厂师傅使用的实用方法,因此更加注重实用性,不搞概念化,是用白坯布复制纸样,再留出比较宽的缝边,将收褶、收省的部位简单缝制,再用大头针(珠针)按照一定的顺序、规律和手法别在人体模型上,这样就可以准确地检测和调试服装的总体和细节效果。如服装的合体程度,分割线的比例是否合理,线条是否顺畅,领子、袖子以及多褶、多皱的造型达到要求,同时,设计师也可以在这个坯布上进行更改构思。坯布试制法可以任意修改款式结构并能够迅速得到样片形状。

第二节　工具和坯布的种类

1. 常用的工具

常用的工具有:大头针、针苞、人台、圆珠笔、水笔、剪刀、定位胶带等。

2. 坯布的种类

坯布要和实际面料特征相符合,常用的有:

(1) 白色厚棉布,用来试制大衣;

(2) 白色薄棉布,用来试制衬衫和连衣裙;

(3) 白色针织布,用来试制针织款式。

坯布要求白色半透明,太滑、太飘逸的布料不适合作坯布,坯布用前要先缩水。

3. 针苞的做法

针苞的材料:硬纸板,手缝针,604♯粗线,棉花,人造皮革,2cm 宽度、15cm 长度松紧带,直径为22cm 的棉布和比较疏松的深色布料各一块,见图 9 - 1。

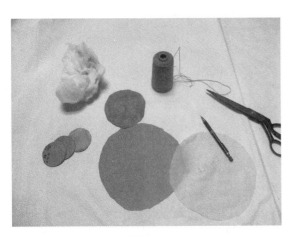

图 9-1　　　　　　　　　　　　　　　　　图 9-2

针苞的做法：

（1）把硬纸板剪成直径 6.5cm 的圆形，再把 3～4 层重叠在一起，保持一定的厚度和硬度，把人造皮革剪成直径 11.5cm 的圆形，用手缝针缝两圈线，再包住硬纸板，抽紧线以后打结，制成底座，见图 9-2。

（2）用棉布包住大小适中的一团棉花，再用深色布包住，制成棉苞，见图 9-3。

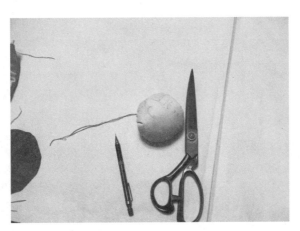

图 9-3

（3）夹入松紧带后把棉苞用手缝紧密地缝在底座上即可，见图 9-4、图 9-5。

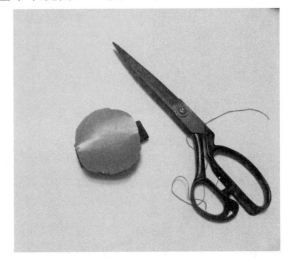

图 9-4　　　　　　　　　　　　　　　　　图 9-5

第三节　时装马甲

款式见图9-6。

单位cm

制图部位	制图尺寸
后中	7
胸围（参考尺寸）	92
腰围	76
下摆（参考尺寸）	

图9-6

　　这款马甲可以在衬衫基本型上进行制图，难以确定的是：(1)从前领延长到后领的弯度和长度；(2)腰围的尺寸；(3)前襟和领口的造型。我们使用坯布试制法，可以快速、准确地得到实物的效果和样片，见图9-7～9-16。

图9-7

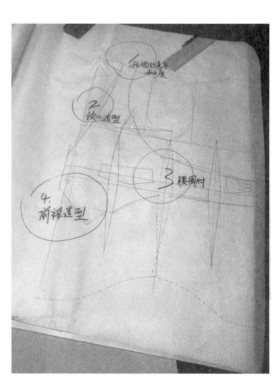

图9-8

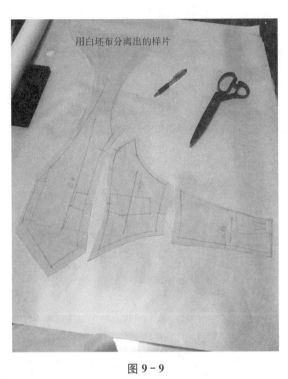

用白坯布分离出的样片

图 9 - 9

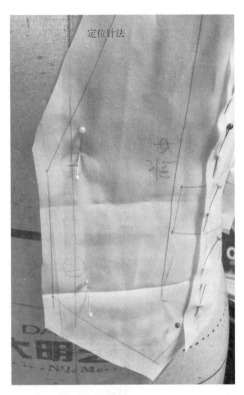

定位针法

图 9 - 10

搭接针法

图 9 - 11

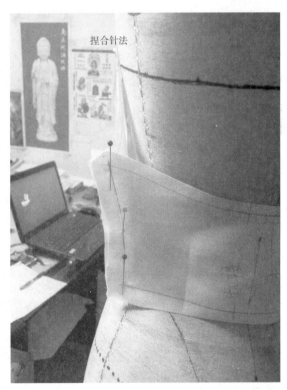

捏合针法

图 9 - 12

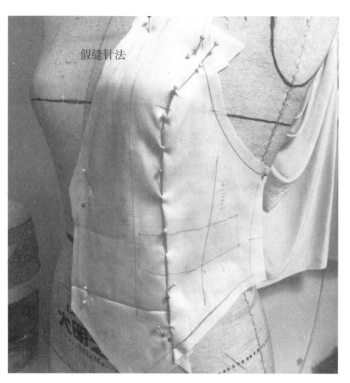

假缝针法

图 9 - 13

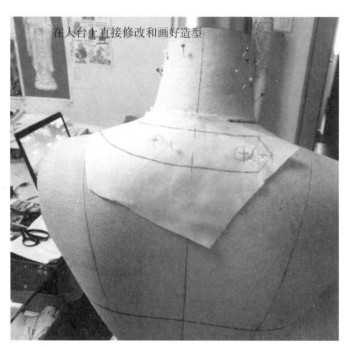

在人台上直接修改和画好造型

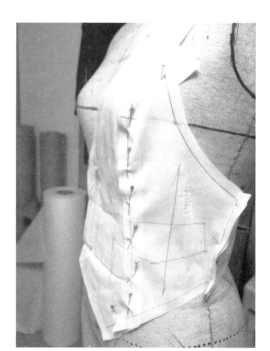

图 9 - 14

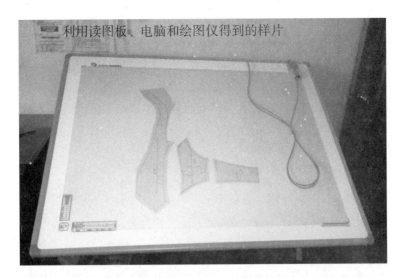

利用读图板、电脑和绘图仪得到的样片

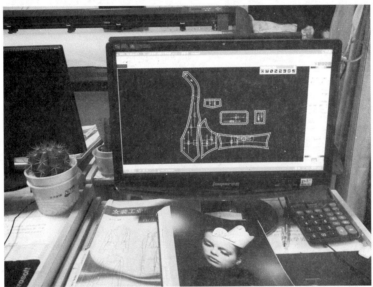

图 9 - 15

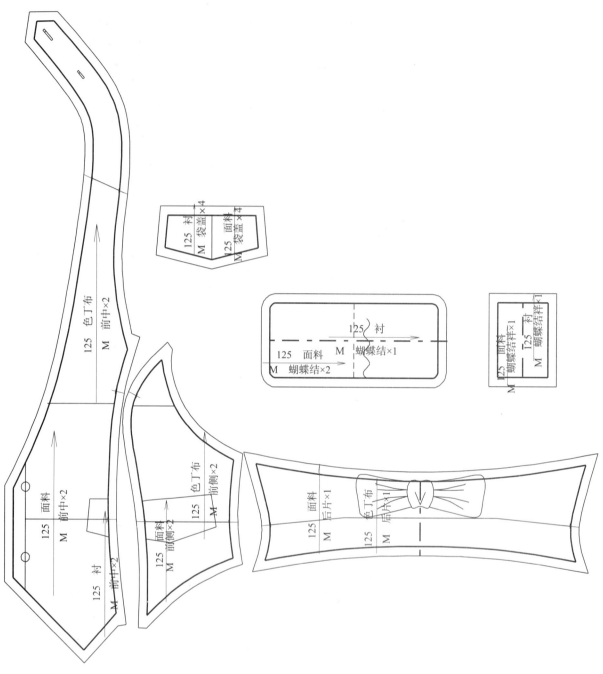

图 9－16

第四节　婚庆风格吊带长裙

本款适合用大红色雪纺或者真丝面料，腰节、贴条、内层、下摆为大红色丁布。款式见图9-17。

图9-17

先用胸杯棉把胸部垫高，再用坯布在人台上画好前胸片、后背片和前、后腰节，见图9-18。平面绘制裙片见图9-19~9-21。

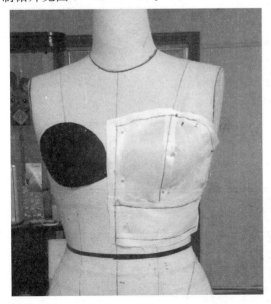
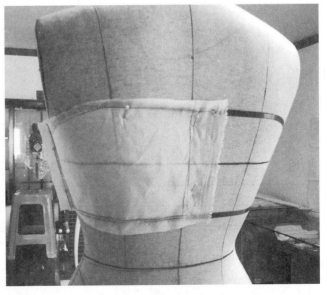

图9-18

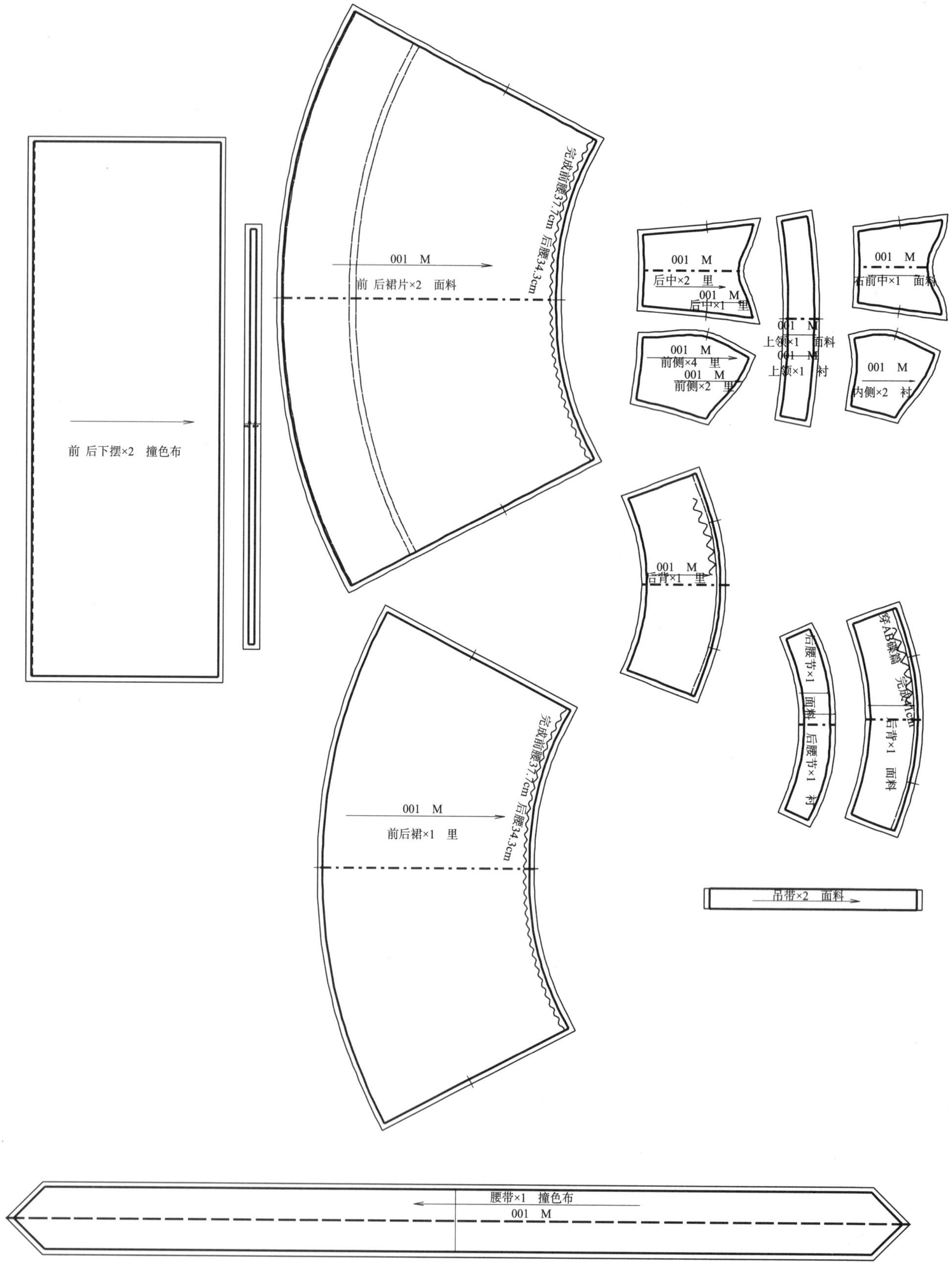

前 后下摆×2 撞色布

完成前腰37.1cm 后腰34.3cm

001 M
前 后裙片×2 面料

001 M
后中×2 里
001 M
后中×1 里

001 M
右前中×1 面料

001 M
前侧×4 里
001 M
前侧×2 里

001 M
上领×1 面料
001 M
上领×1 衬

001 M
内侧×2 衬

001 M
后背×1 里

完成前腰37.1cm 后腰34.3cm

001 M
前后裙×1 里

右腰节×1 面料
右腰节×1 衬

穿A拉链 完成41cm
后背×1 面料

吊带×2 面料

腰带×1 撞色布
001 M

图 9-19

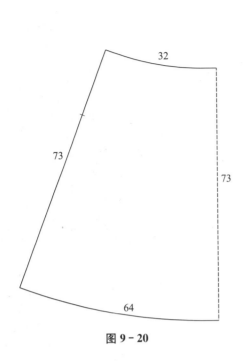

图 9 - 20

图 9 - 21　完成后的照片

第五节　线衣配梭织的款式

线衣配梭织部件,要考虑到线衣的弹力比较大,而梭织面料没有弹力,或者有比较小的弹力,当两者结合在一起的时候,要考虑到这两种不同的面料特性。

(1) 把线衣套在人台上,对准前中、肩缝、后中、侧缝,并使下摆水平后,用大头针固定,见图 9 - 22。

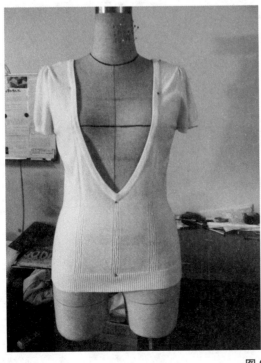

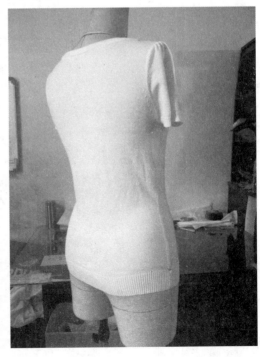

图 9 - 22

（2）再用白坯布画出前、后片的形状，见图9-23。

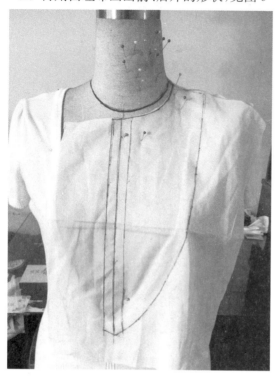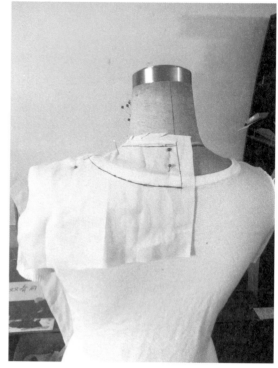

图9-23

（3）取下坯布，复制纸样，做出实样（净样），见图9-24。

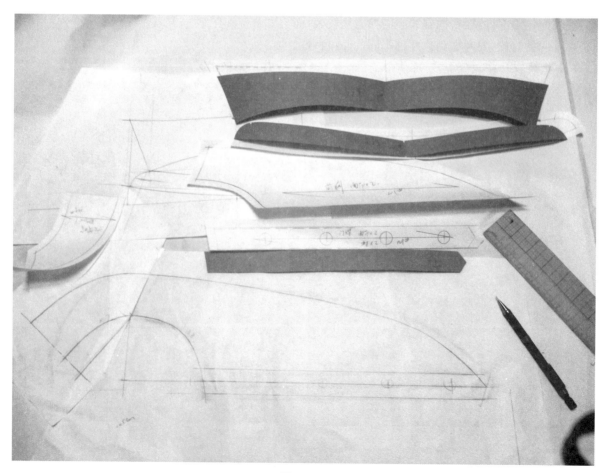

图9-24

（4）裁剪、缝制完成后的图片见图 9 - 25。

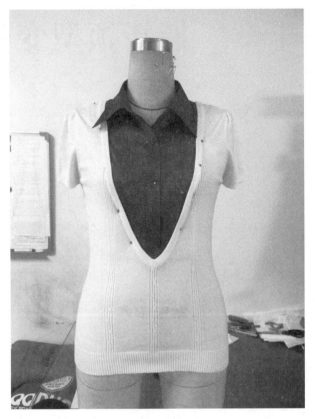

图 9 - 25

第十章　最新领型变化

第一节　高立翻领

见图 10-1～10-5。

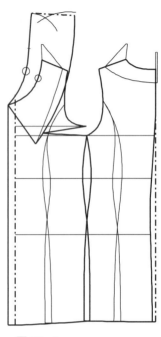
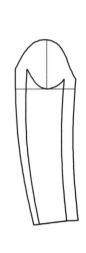

图 10-1

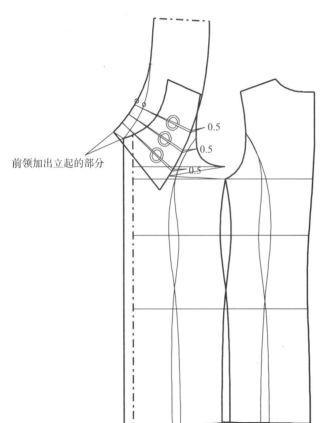

前领加出立起的部分

0.5

0.5

0.5

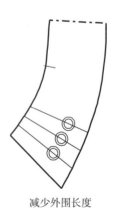

减少外围长度

图 10-2

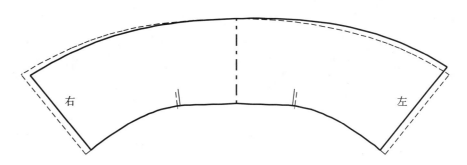

领宽度做成左宽右窄，并减少领子的长度

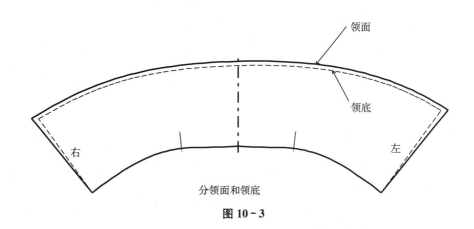

分领面和领底

图 10 - 3

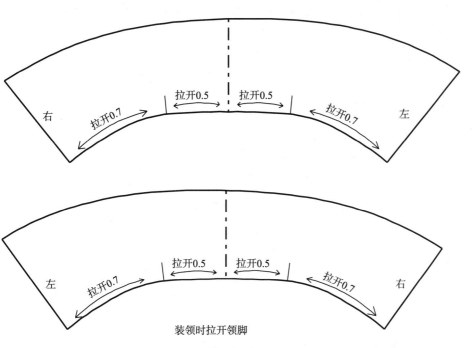

装领时拉开领脚

图 10 - 4

第二节　军旅风格的翻领

见图 10 - 5～10 - 10。

单位：cm

制图部位	制图尺寸
后中	58
胸围	94
腰围	79
肩宽	38
袖长	60
袖口	25
袖肥	34
袖窿	46

图 10 - 5

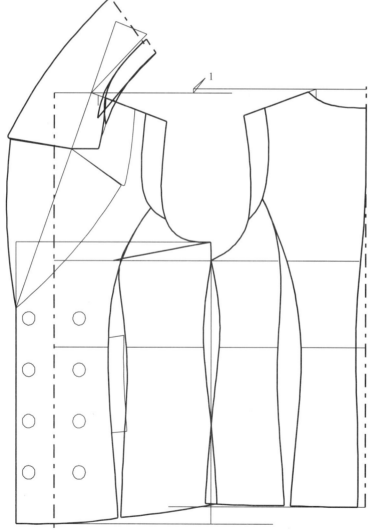

图 10 - 6

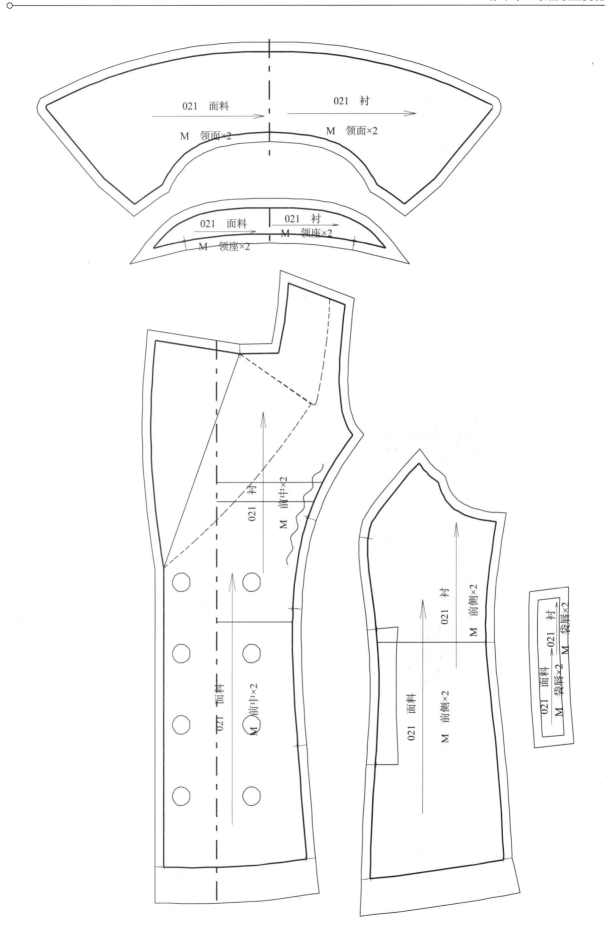

021　面料　　021　衬
M　领面×2　　M　领面×2

021　面料　　021　衬
M　领座×2　　M　领座×2

021　衬
M　前中×2

021　面料·衬
M　前中×2

021　衬
M　前侧×2

021　面料
M　前侧×2

021　面料　021　衬
M　袋唇×2　M　袋唇×2

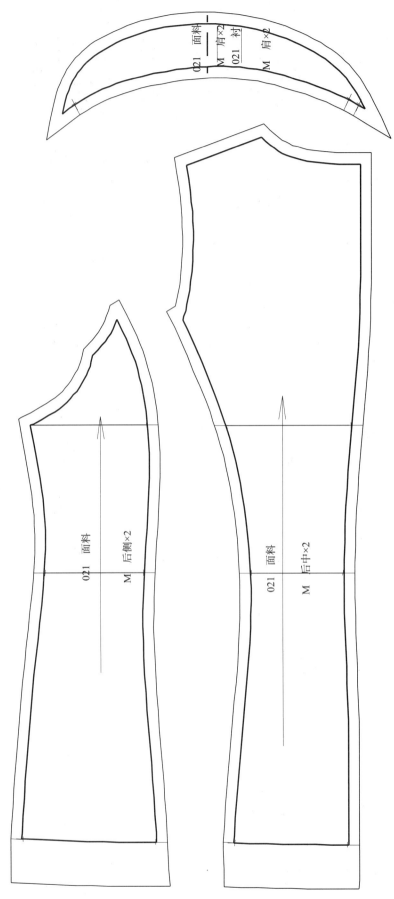

图 10 - 7

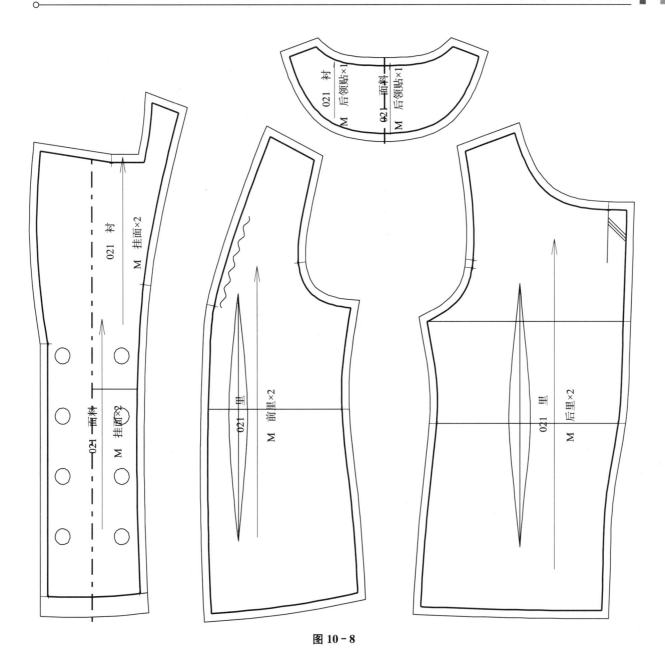

图 10-8

第三节　蝴蝶结大衣领

见图 10-9、图 10-10。

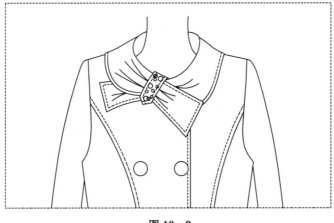

图 10-9

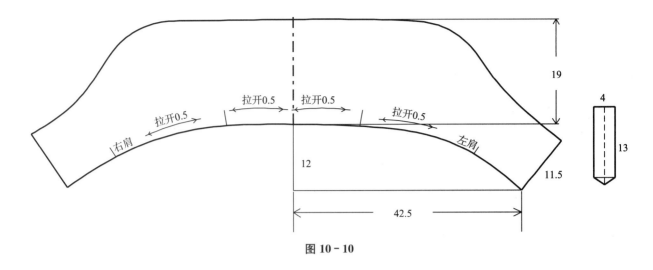

图 10－10

第四节　垂坠领演变步骤

垂坠领的造型的几个关键要素：(1)增大前领口时保持前胸围尺寸不变；(2)肩缝加褶控制垂坠起浪的数量和方向；(3)尽量不要采用没有垂性和比较厚的面料，而应该采用有垂性的面料，如真丝、雪纺、化纤、薄针织等面料，造型效果见图 10－11。

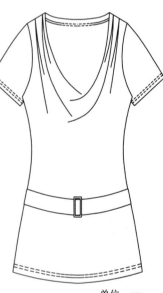

图 10－11

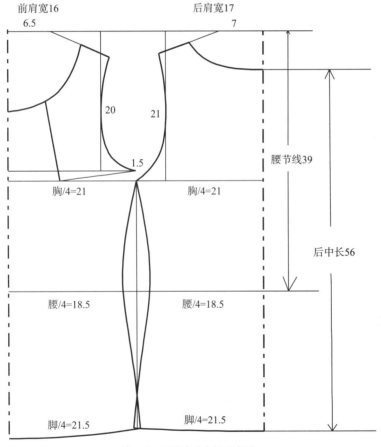

第一步　画出有胸省的基本型

图 10－12

单位：cm

制图部位	制图尺寸
后中	56
胸围	84
腰围	74
下摆	86
肩宽	34
袖长	14.5
袖口	28
袖肥	29
袖窿	41

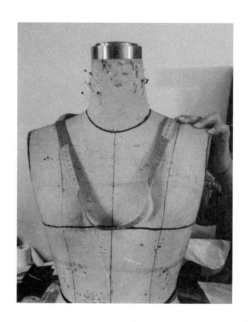

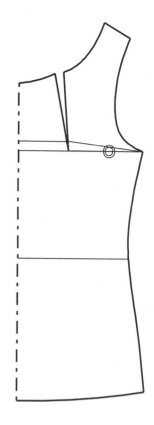

第二步,测试垂坠程度,合并胸省

图 10 - 13

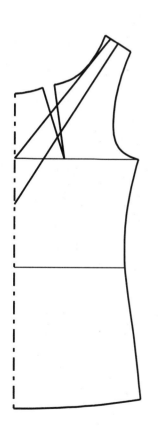

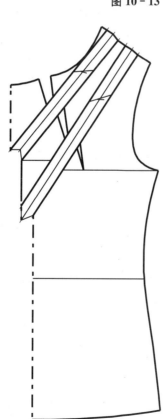

第三步，加入肩缝活褶

图 10 - 14

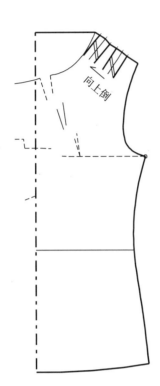

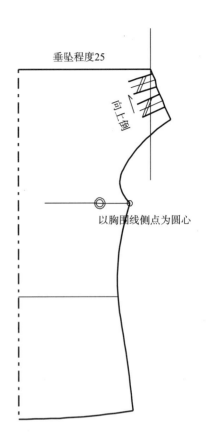

第四步，延长前中线，以胸围线侧点为圆心旋转上半截至需要的垂坠程度

图 10 - 15

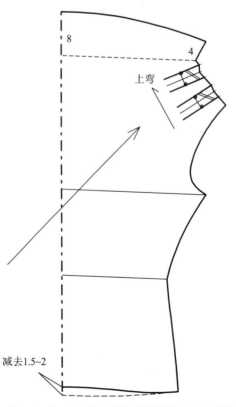

图 10 - 16　第五步,加出前领宽折边,使下摆向上弯,前片做成斜纹

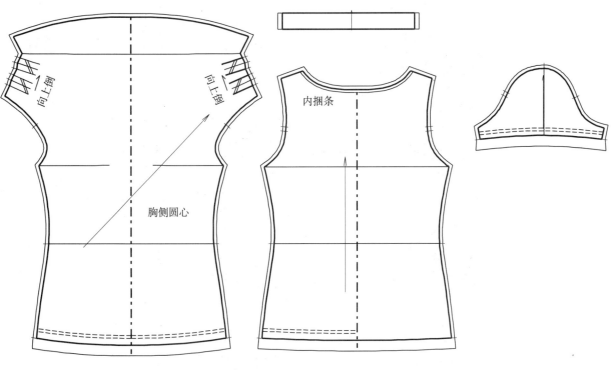

向上倒　向上倒

胸侧圆心

内捆条

完成后的样片

图 10 - 17

做成后的效果

图 10 - 18

罗马裙、罗马袖都可以按照这个原来和步骤来完成,见图 9 - 19、图 9 - 20。

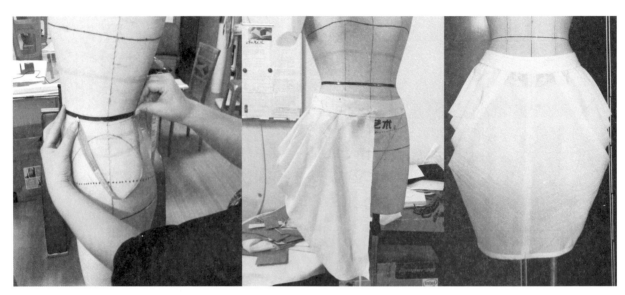

图 10 - 19

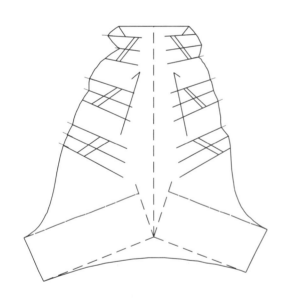

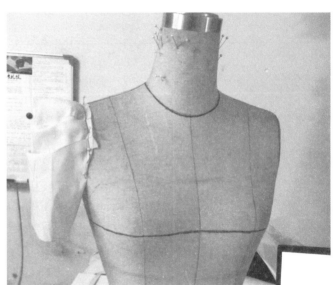

图 10 - 20

第五节　飘带领

　　飘带领其实是一个矩形的裁片,此款的布料比较薄,袖口加衬颜色会产生色差,所以袖口需要用两层布料,见图 10-21~图 10-23。

单位：cm

制图尺寸	制图尺寸
后中长	61
胸围	94
腰围	96
摆围	106
肩宽	40
袖长	60
袖口（扣合度）	20
袖肥	33.7
袖隆	45.4

图 10-21

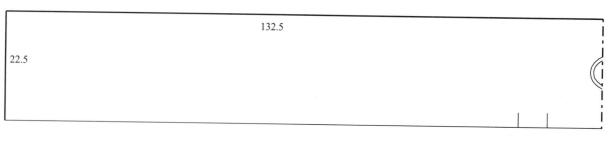

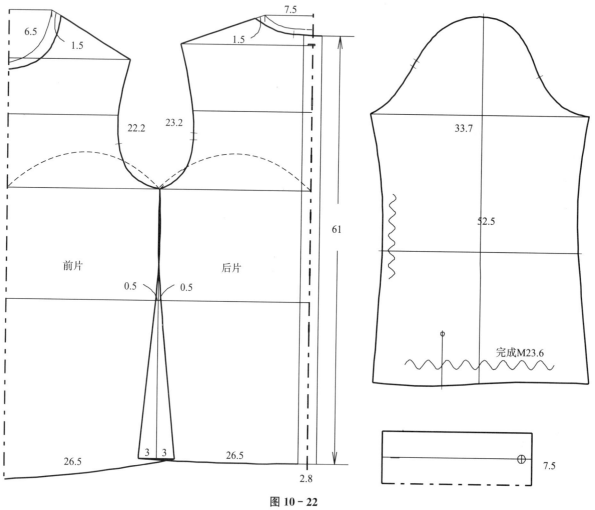

图 10－22

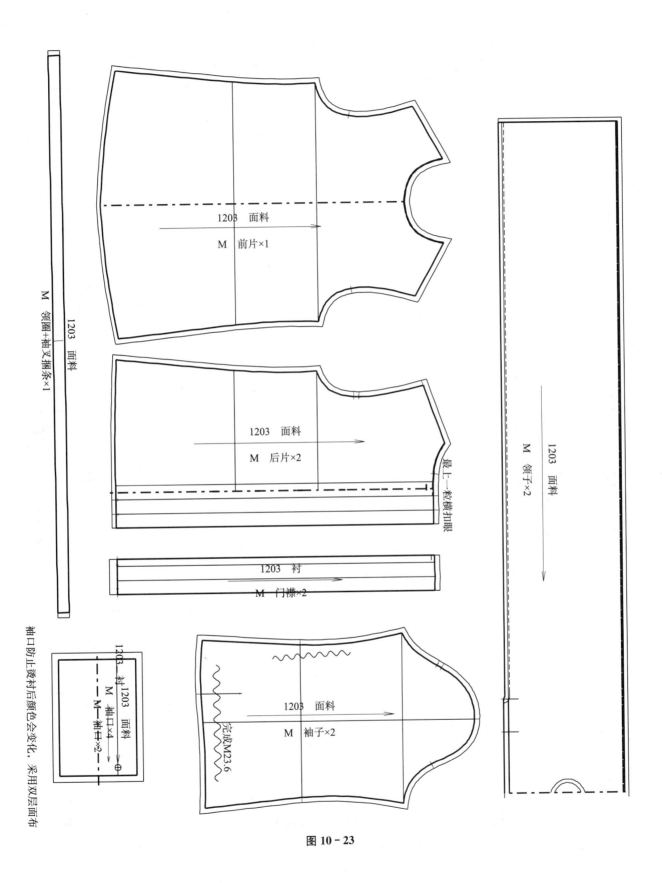

图 10－23

第十一章　最新袖型变化

第一节　肩宽缩进的规律

　　在实际工作中,时装袖山的变化比较大,当袖山增高时,肩宽要同时缩进,肩宽缩进的规律是 4:1 的比例,就是袖山高每增加 4cm,肩宽缩进 1cm(半围计)。

　　那么,当袖册山缩进 8cm 时,肩宽就缩进 2cm,依此类推(特殊的时装款式除外),见图 11-1。

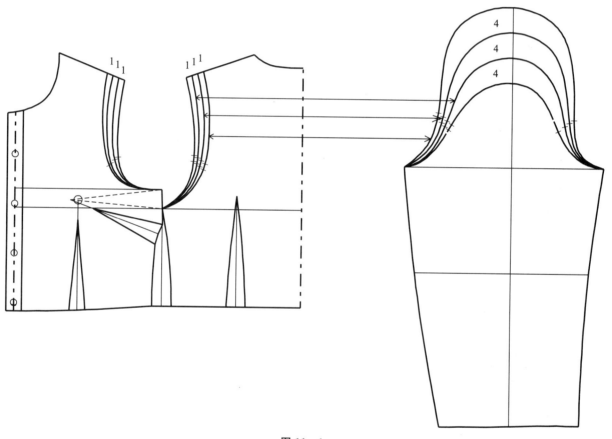

图 11-1

第二节　中袖的正确画法

　　由于人体手臂在自然、放松状态下是朝前稍弯的形状,在绘制中袖时虽然袖长变短了,仍然要把长袖画出来,再根据具体的款式要求截取所需要的长度,而不是直接绘制中袖图形,见图 11-2、图 11-3。

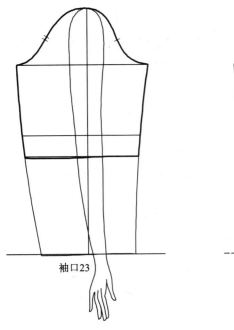
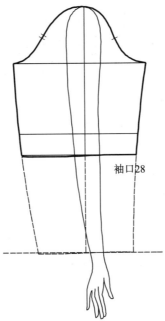
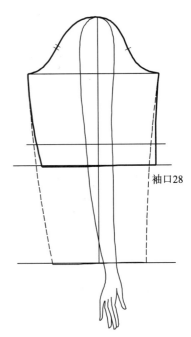

袖口23

袖口28

袖口28

一片袖的中袖画法

错误的画法

图 11 - 2

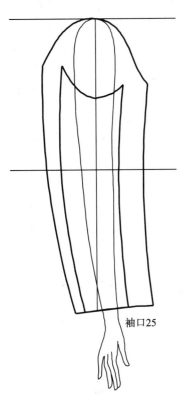
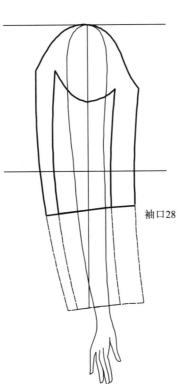
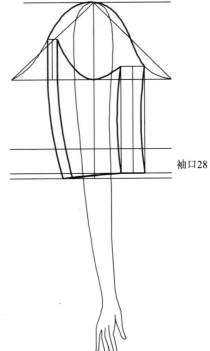

袖口25

袖口28

袖口28

西装袖的中袖画法

错误的画法

图 11 - 3

第三节　西装袖加褶、加皱

见图 11 - 4～图 11 - 7。

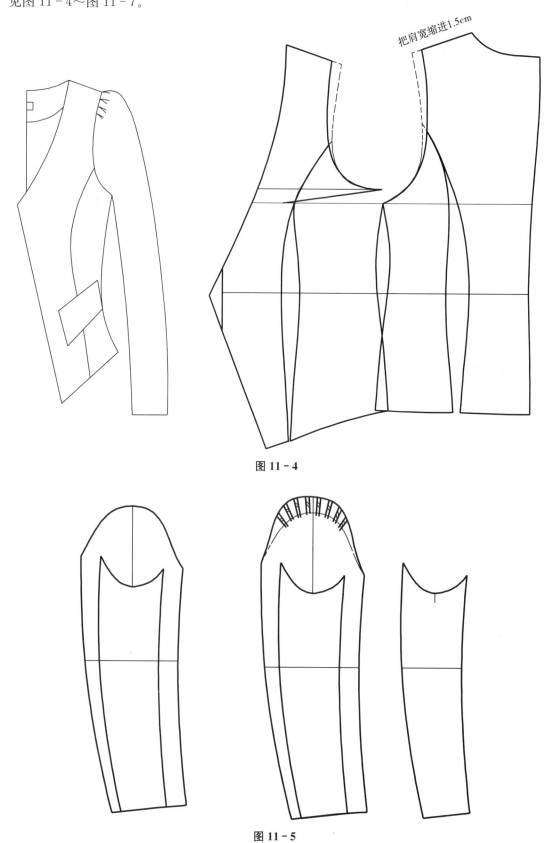

图 11 - 4

图 11 - 5

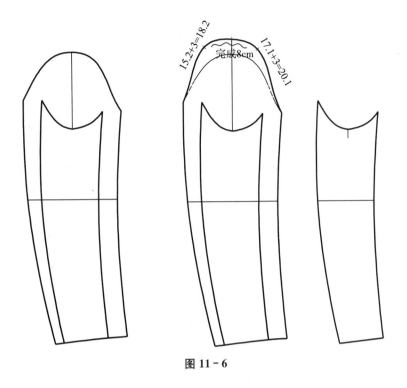

图 11 - 6

第四节　西装袖新造型

（1）借肩袖，见图 11 - 7。

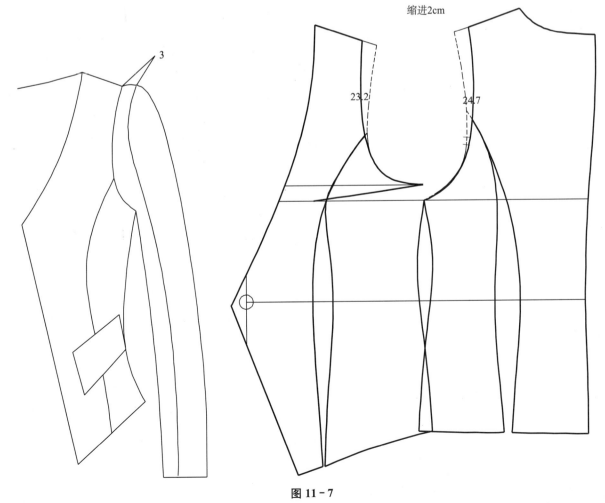

图 11 - 7

第一步,肩宽缩进 2cm,使前、后袖窿差数为 1.5cm,见图 11-8。

第二步,画没有吃势的袖基本型,前、后袖缝的偏移量为 2cm;

第三步,把后袖缝中线顺延加长约 20cm;

第四步,把前大袖缝顺延加成约 20cm;

第五步,画与这两条延长线的平行线,间距为 3cm;

第六步,前、后袖山线和袖窿线等长(前、后袖山线也可以加少量吃势);

第七步,把袖山高上升 3~4cm,连顺 A、B、C 三个点;

第八步,调节前、后小袖外围和前、后大袖山线的长度,使前、后大袖山有少量吃势,见图 11-9。

第九步,画肩头垫布,见图 11-10。

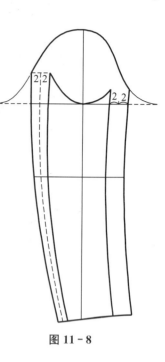

图 11-8

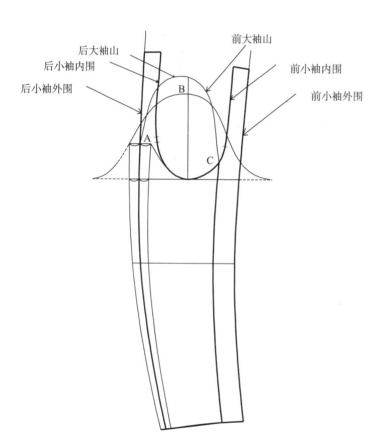

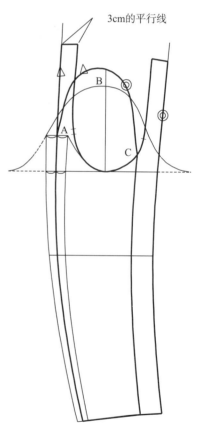

图 11-9

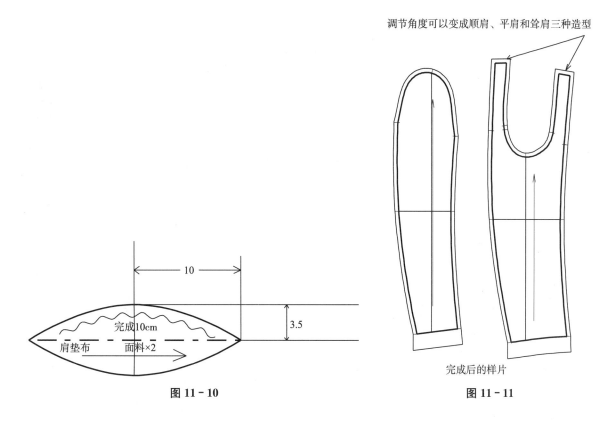

调节角度可以变成顺肩、平肩和耸肩三种造型

完成10cm

肩垫布　　面料×2

完成后的样片

图 11 - 10

图 11 - 11

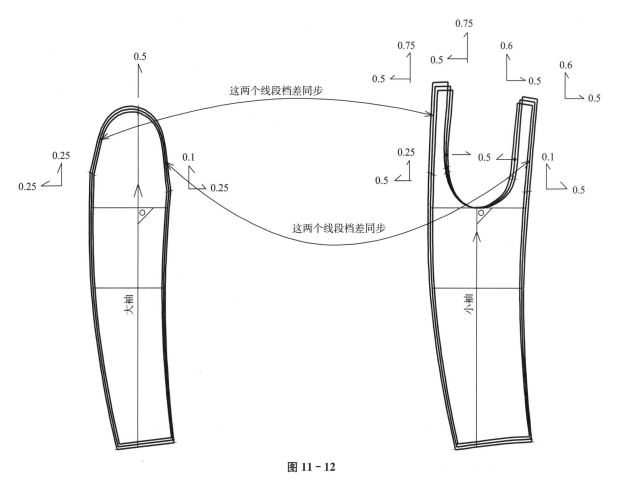

这两个线段档差同步

这两个线段档差同步

大袖

小袖

图 11 - 12

在这个袖型基础上演变成另外一种袖型,见图 11 - 13～图 11 - 18。

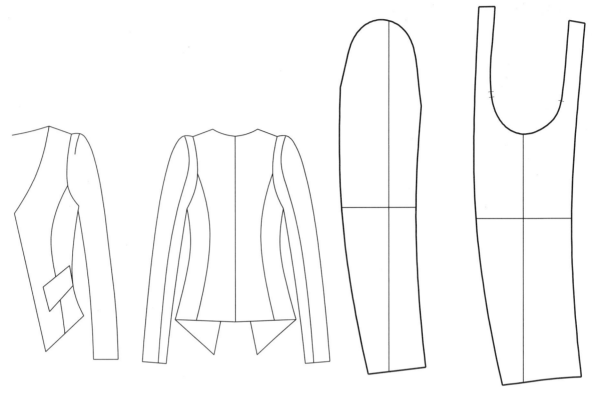

第一步:把小袖片翻转过来

图 11 - 13

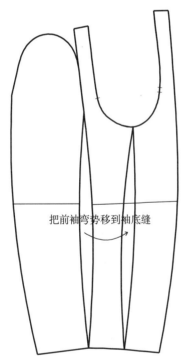

把前袖弯势移到袖底缝

第二步,把大袖和小袖的前袖缝对接在
一起,把前袖的弯势移到袖底缝

图 11 - 14

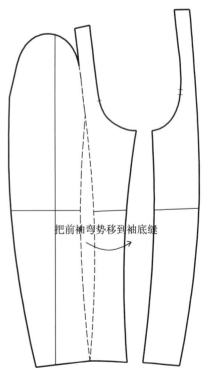

把前袖弯势移到袖底缝

第三步,前袖山改成收省,并将后袖分离

图 11 - 15

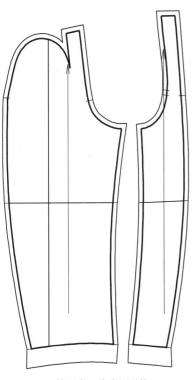

第四步，裁片的形状

图 11 - 16

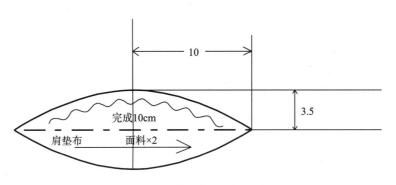

第五步，画袖山垫布

图 11 - 17

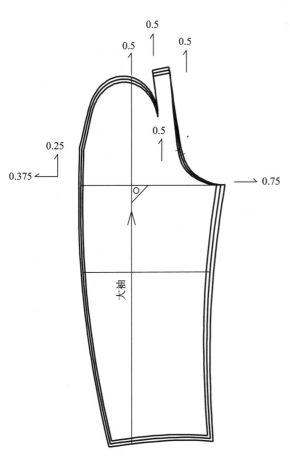

图 11 - 18

（2）袖山收省的袖型

第一步，肩宽缩进 2cm，使前、后袖窿差数为 1.5cm，见图 11 - 19。

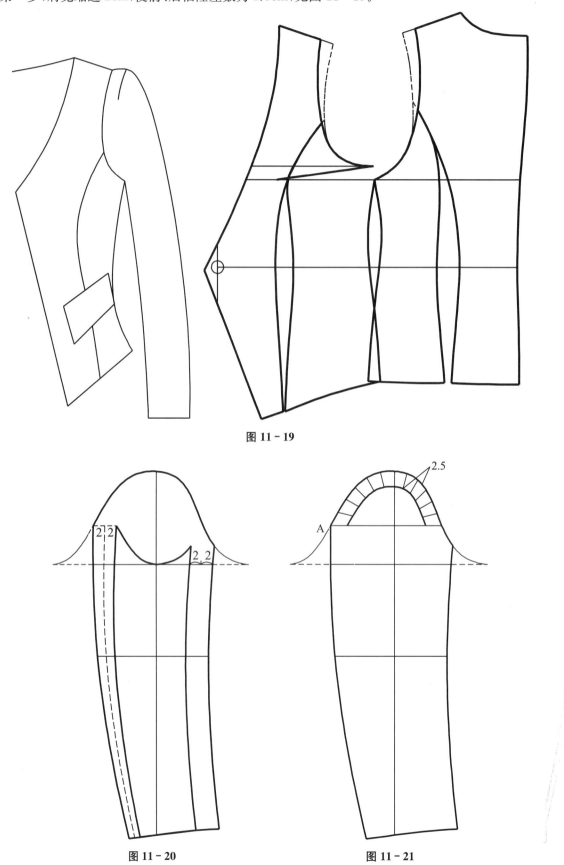

图 11 - 19

图 11 - 20   图 11 - 21

第二步,画没有吃势的袖基本型,前、后袖缝的偏移量为2cm,见图11-20。

第三布,从大袖后端点A画一个水平线,把袖山平行分割2.5cm,见图11-21。

第四步,在前、后分割片上各加入0.7×5＝3.5cm展开量,见图11-22。

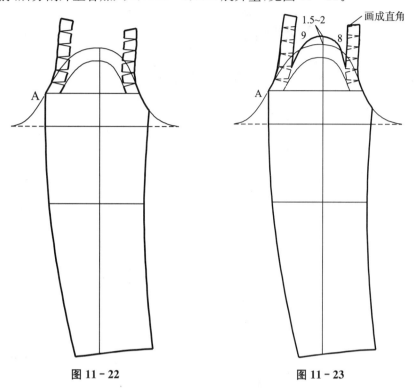

图11-22   图11-23

第五步:① 在前袖山8cm、后袖山9cm处取点;② 袖山顶点上升1.5～2cm,调节和校对各部位的线条和尺寸,见图11-23。

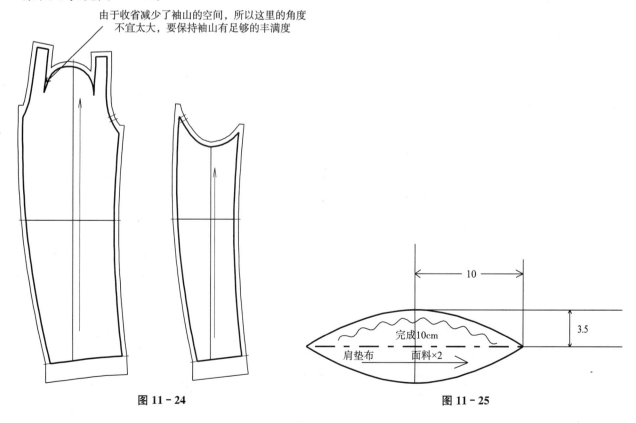

图11-24   图11-25

第六步,画肩头垫布,见图 11-25。

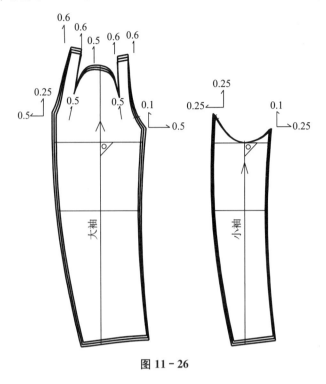

图 11-26

第五节 褶裥袖

1. 四个褶(图 11-27、图 11-28)

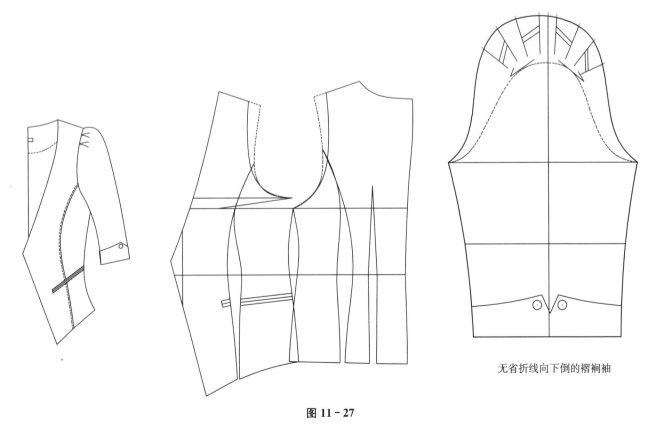

无省折线向下倒的褶裥袖

图 11-27

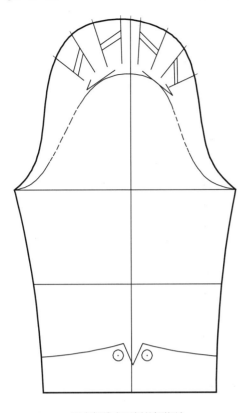

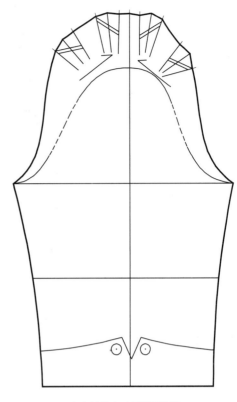

无省折线向下倒的褶裥袖

有省折线向下倒的褶裥袖

图 11 - 28

2. 十个褶(图 11 - 29)

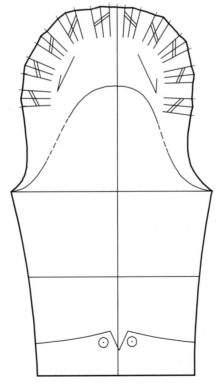

十个褶的袖型

图 11 - 29

3. 袖山收橡筋(图 11 - 30)

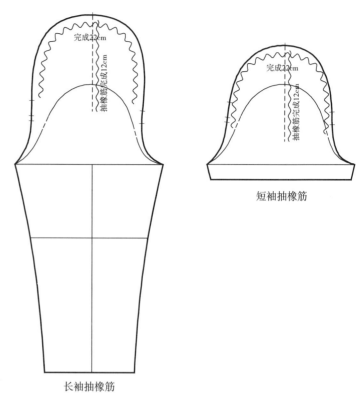

完成22cm

抽橡筋完成12cm

短袖抽橡筋

长袖抽橡筋

图 11 - 30

4. 横褶袖(11 - 31)

5. 袖山之间加对褶(图 11 - 32)

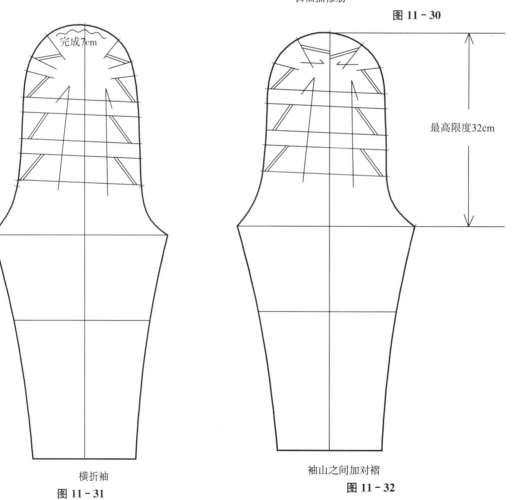

完成7cm

最高限度32cm

横折袖

图 11 - 31

袖山之间加对褶

图 11 - 32

第六节　袖山收直省

第一步:肩宽缩进 2.5cm,见图 11－33。

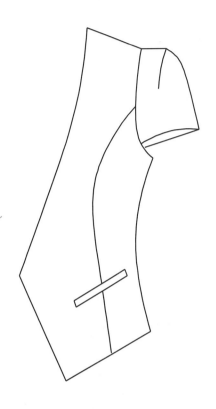

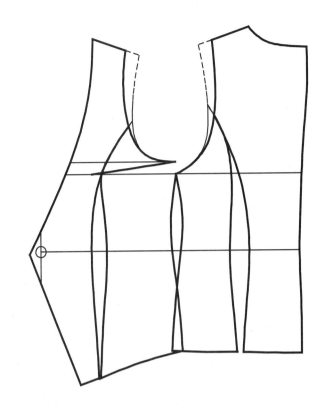

图 11－33

第二步,画没有吃势的一片袖基本型,图 11－34。

第三步,演变步骤,见图 11－35。

第三步,以袖口长 21～22cm 画水平线。

第四步,分别以点 A 和点 B 向上画垂直线。

第五步,分别画前后 4.5cm 的平行线。

第六步,画袖口的 5cm 平行线。

第七步,袖口高上升 1.5cm,连顺线条。

第八步,调节前后袖山线和竖线的长度使新袖山线保留少量的吃势。

第九步,水平连接顶端线段。

第十步,打好袖山和袖窿刀口,画肩头垫布,见图 11－36。

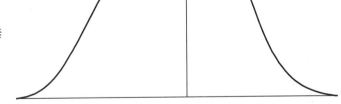

图 11－34

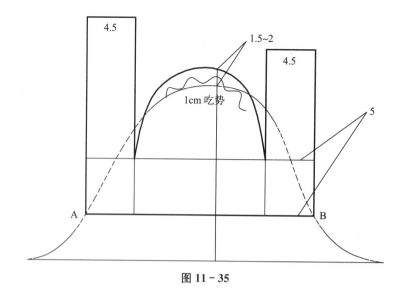

图 11－35

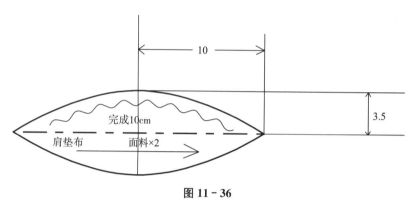

图 11－36

放码档差设置见图 11－37。

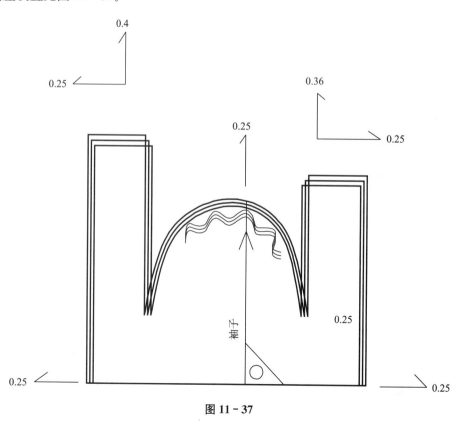

图 11－37

第七节 袖山收短省

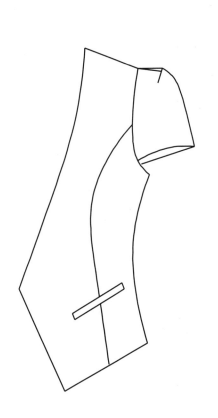
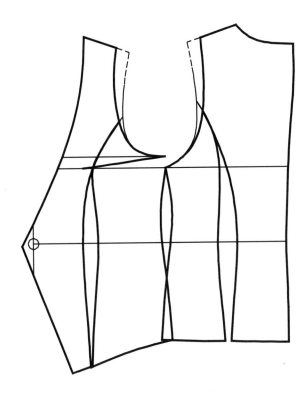

图 11 - 38

第一步,肩宽缩进 2.5cm,见图 11 - 38;

第二步,画没有吃势的一片袖基本型,见图 11 - 39、图 11 - 40;

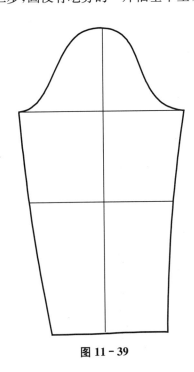

图 11 - 39

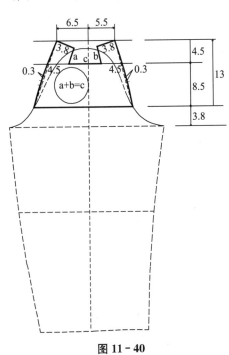

图 11 - 40

第三步,在袖肥线上,分别画 3.8、8.5 和 4.5 的平行线;

第四步,把短袖口控制在 21～22cm 之间;

第五步,在按图中所标注的尺寸画各线段,见图 11－40。

第六步,画肩头垫布,见图 11－41。

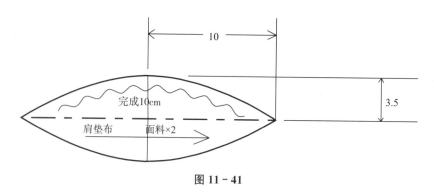

图 11－41

第八节　其它短袖新板型

1. 纽结袖(图 11－42、图 11－43)

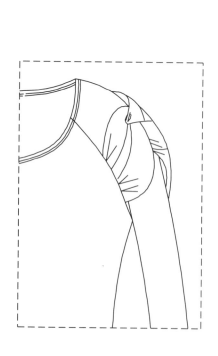

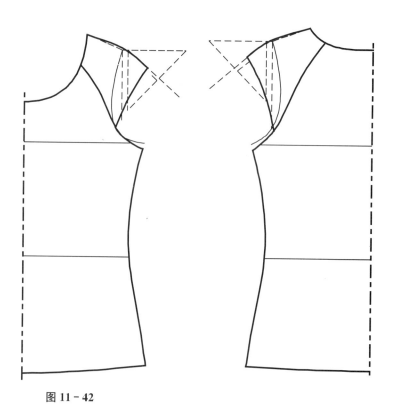

图 11－42

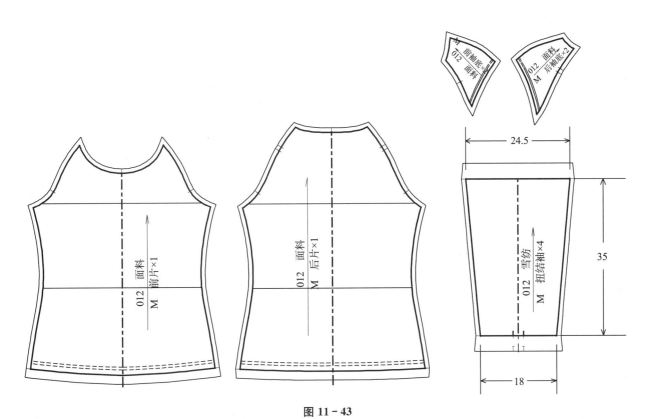

图 11 - 43

2. 结襻袖(图 11 - 44、图 11 - 45)

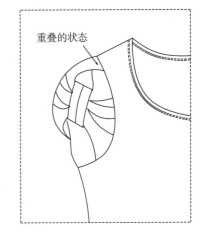

图 11 - 44

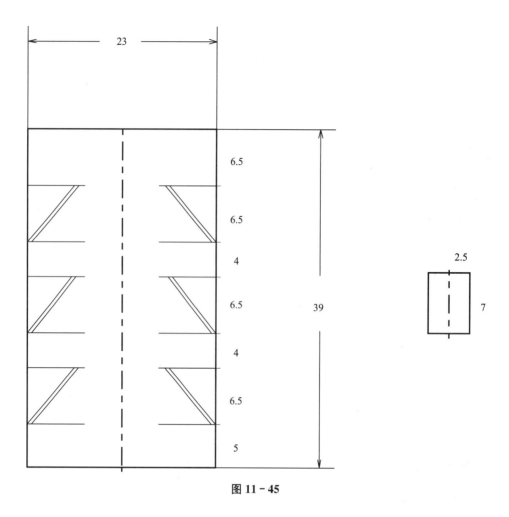

图 11－45

3. 双层袖口收橡筋袖(图 11－46、图 11－47)

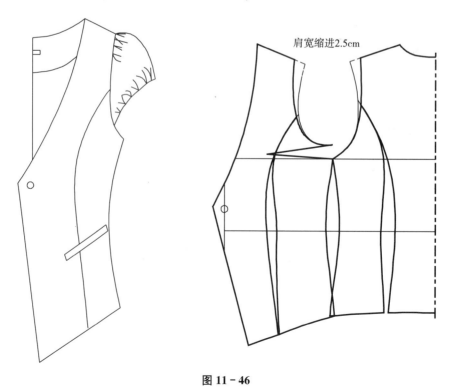

肩宽缩进2.5cm

图 11－46

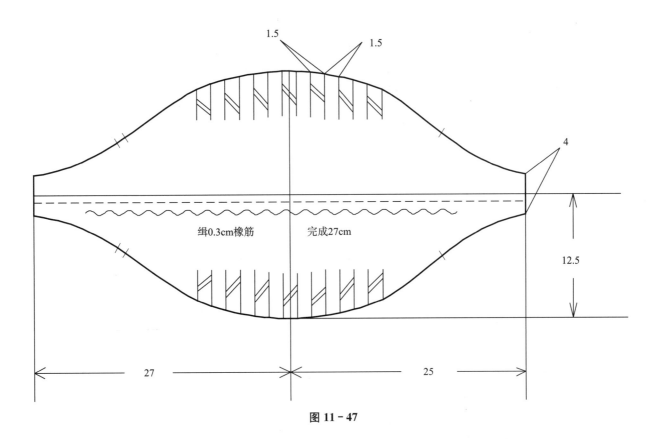

缉0.3cm橡筋　　完成27cm

图 11 - 47

4. 花瓣袖的变化

（1）花瓣袖加皱（图 11 - 48）

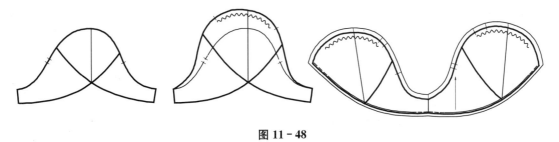

图 11 - 48

（2）花瓣袖加褶（图 11 - 49）

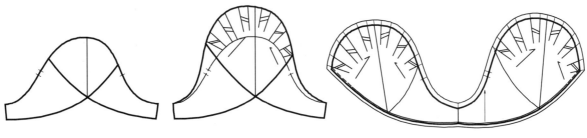

图 11 - 49

5. 袖中缝加褶袖(图 11 - 50～图 11 - 53)

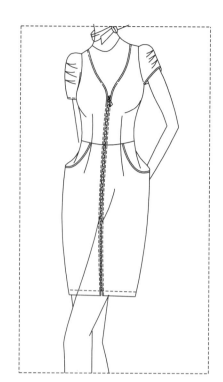

制图部位	制图尺寸
后中	85
胸围	92
腰围	77
肩宽	37.5
袖长	18
袖口	31
袖肥	32
袖窿	45

单位：cm

图 11 - 50

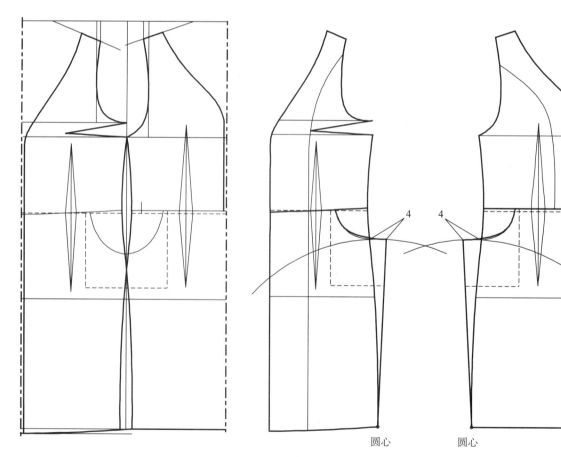

圆心　　　　圆心

图 11 - 51

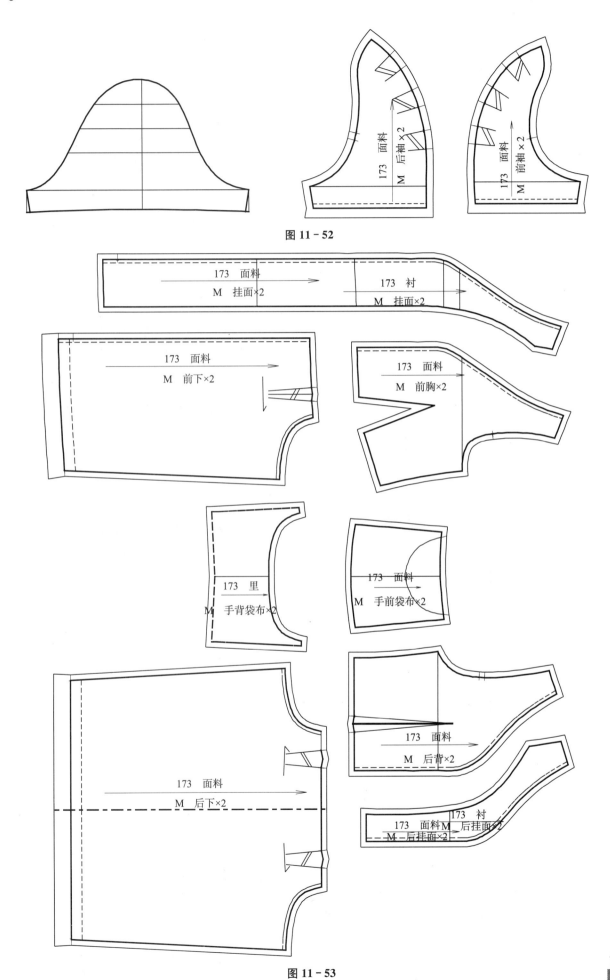

图 11 - 52

图 11 - 53

6. 一字领、后盖前的袖型(图 11-54、图 11-55)

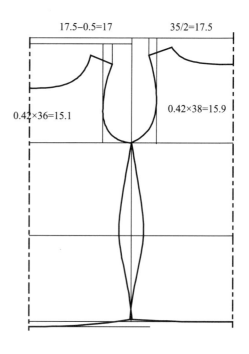

17.5-0.5=17   35/2=17.5

0.42×36=15.1   0.42×38=15.9

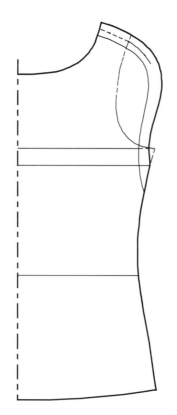

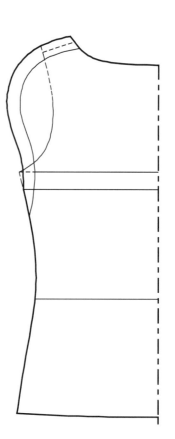

图 11-54

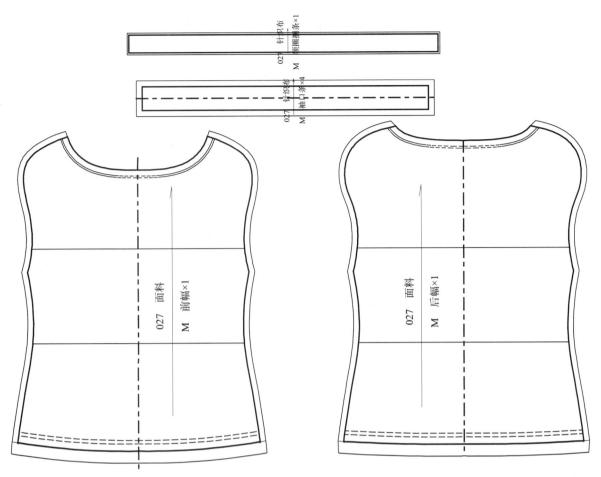

图 11 - 55

9. 袖山加宽边(图 11 - 56)

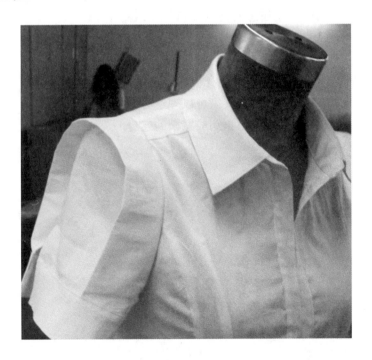

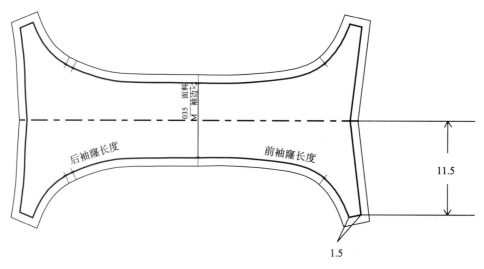

图 11 - 56

第九节 连身袖

1. 连身袖原理

所谓连身袖,是指袖片和衣身连为一体的特殊袖型。假设我们把人体看成两个圆柱体互相交叉的几何图形,就可以发现这种袖型是用一块整的布料包裹人体躯干和手臂,所以连身袖服装相对于圆装袖服装来说,整体都比较宽松,活动机能比较好,在我国传统服饰和运动服装中常常使用这种袖型,就是在时装化的今天,连身袖仍然以轻松而随意的特点,出现于各种不同变化的时装款式之中,见图11-57。

连身袖模板

为了快速制成连身袖款式,我们制作了连身袖模板,这个模板是以合体女上衣的后片基本型为依据,大家可以理解为在合体女上衣基本型的基础上进行放大处理,再制成宽松的连身袖板型,见图 11 - 58。

连身袖的绘图方法:

在同一个平面上,肩斜一致,袖肥袖口差数为 1.2,前领横和后领横差数为 0.50。

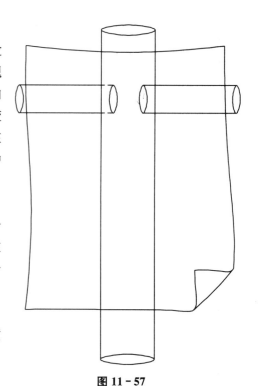

图 11 - 57

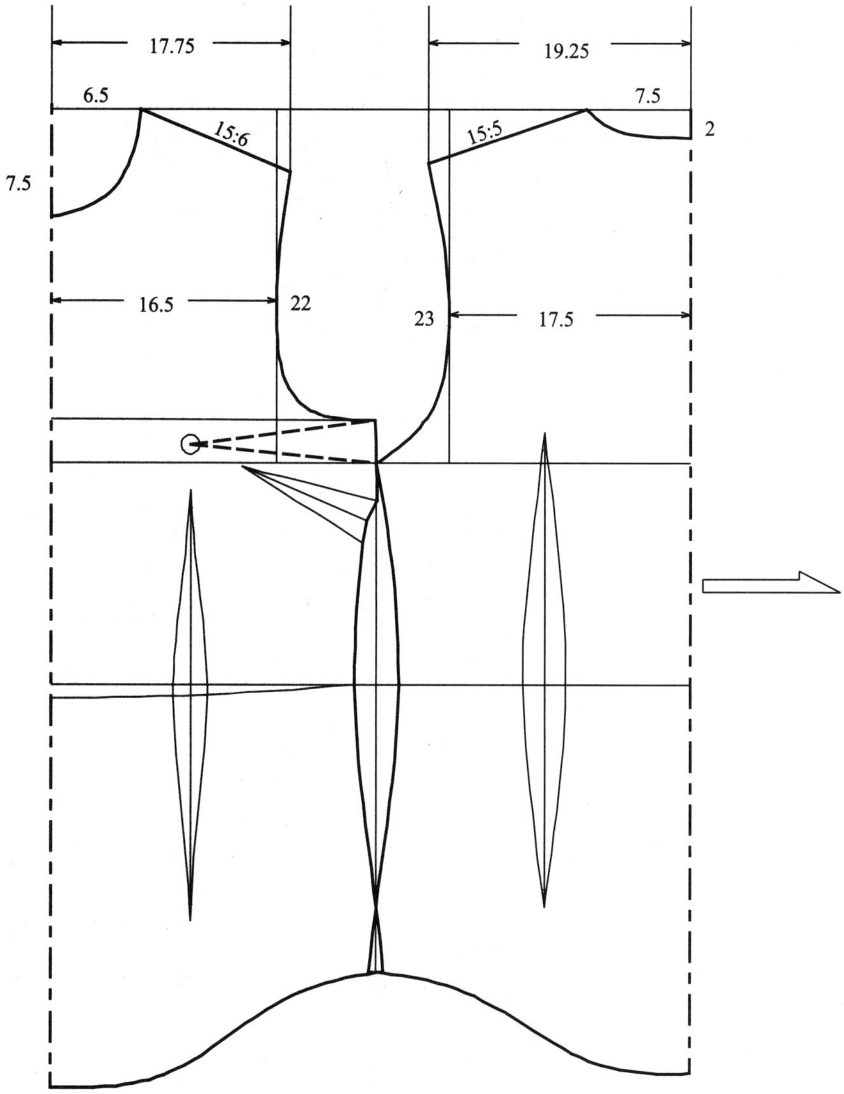

17.75　19.25

6.5　15:6　15:5　7.5　2

7.5

16.5　22　23　17.5

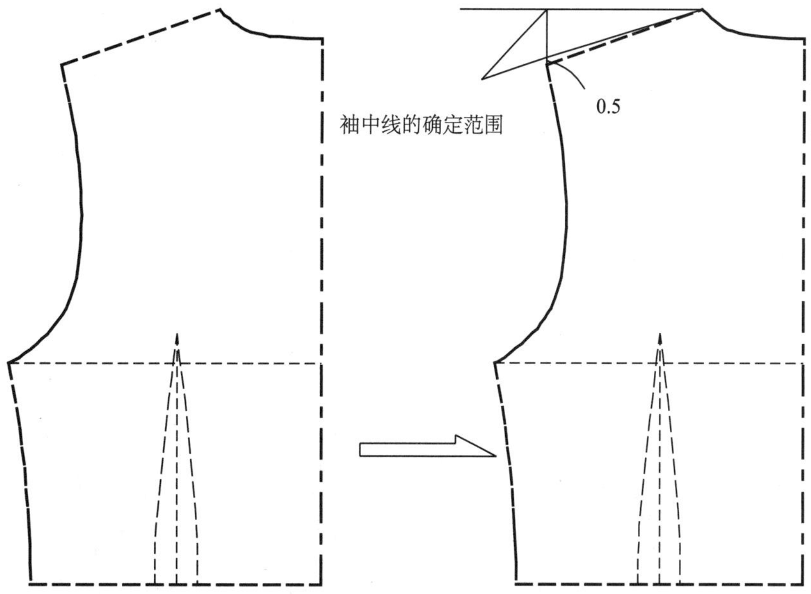

袖中线的确定范围

0.5

以合体女上装基本型的后片作为模板

图 11－58

2. 印花两片式连身袖款式(图 11-59~图 11-62)

制图部位	制图尺寸
后中	86
胸围	94
腰围	94
下摆	106
袖长（肩颈点度）	13
袖口	61

单位：cm

图 11-59

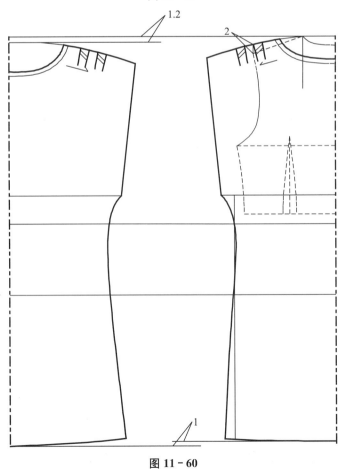

图 11-60

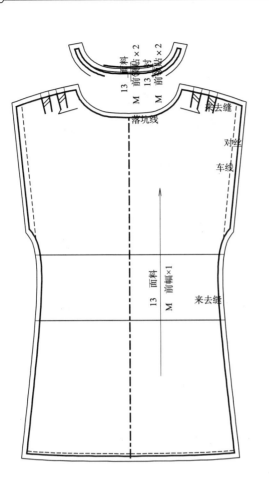
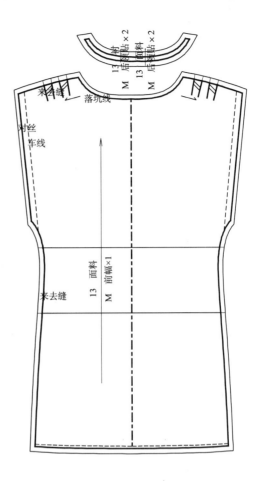

面布

图 11 - 61

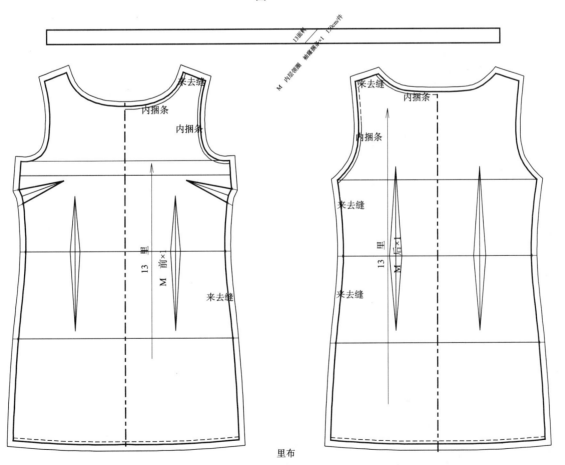

里布

图 11 - 62

3. 胯骨处分割连身袖款(图 11-63~图 11-65)。

单位：cm

制图部位	制图尺寸
后中	85
胸围	105
腰围	94
下摆	108
袖长（肩颈点度）	12
袖口	61

图 11-63

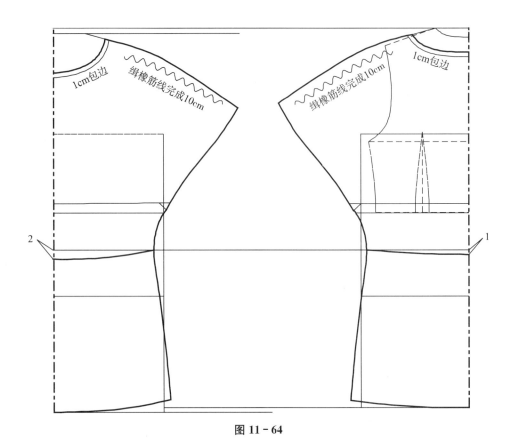

图 11-64

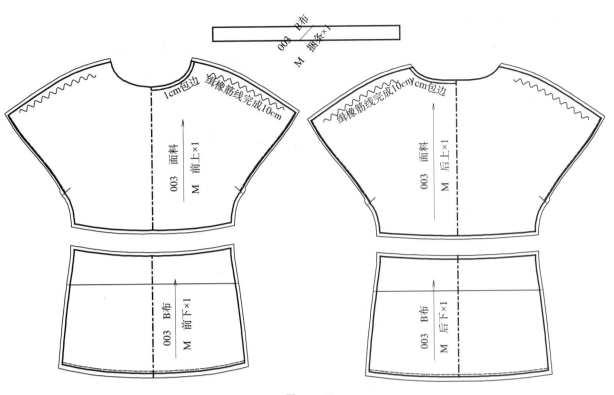

图 11 - 65

第十二章　时装款式实例

第一节　弯形省大衣

　　大衣是用比较厚的呢料裁制成的保暖型服装,大衣款式尺寸设置要合体,肩宽和下摆不宜太大,前中、下摆、挂面、后背、袖山、袖口都要加黏合衬,见图 12-1～图 12-3。

单位:cm

制图部位	制图尺寸
后中长	85
胸围	96
腰围	79
摆围	112
肩宽	38.5
袖长	60
袖口	26
袖肥	34
袖窿	47

领子直立的状态

图 12-1

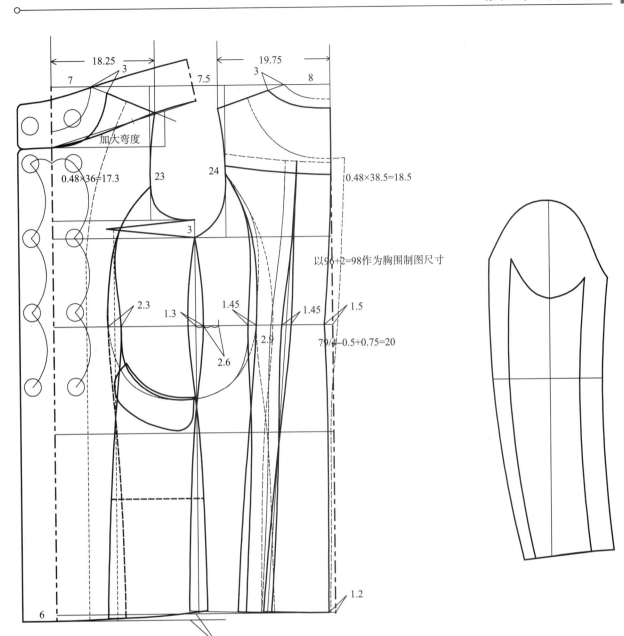

18.25

19.75

7　　　　7.5

3　　　　8

加大弯度

0.48×36=17.3　　23　　　24　　　0.48×38.5=18.5

3

以96+2=98作为胸围制图尺寸

2.3　　1.3　　1.45　　1.45　　1.5

2.6　　2.9　　79/4−0.5+0.75=20

1.2

6　　　　1

1

图 12−2

配领的方法：

当领横偏移量为 3cm 时，配领比例为 20∶6，就是从前中线向右 20cm，向上 6cm，连线后延长，量出前领圈和后领圈的长度，再把领脚线调成弧形线，见图12−3。

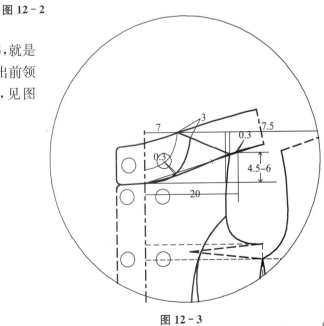

7　　　3　　　7.5

0.3

0.3

4.5−6

20

图 12−3

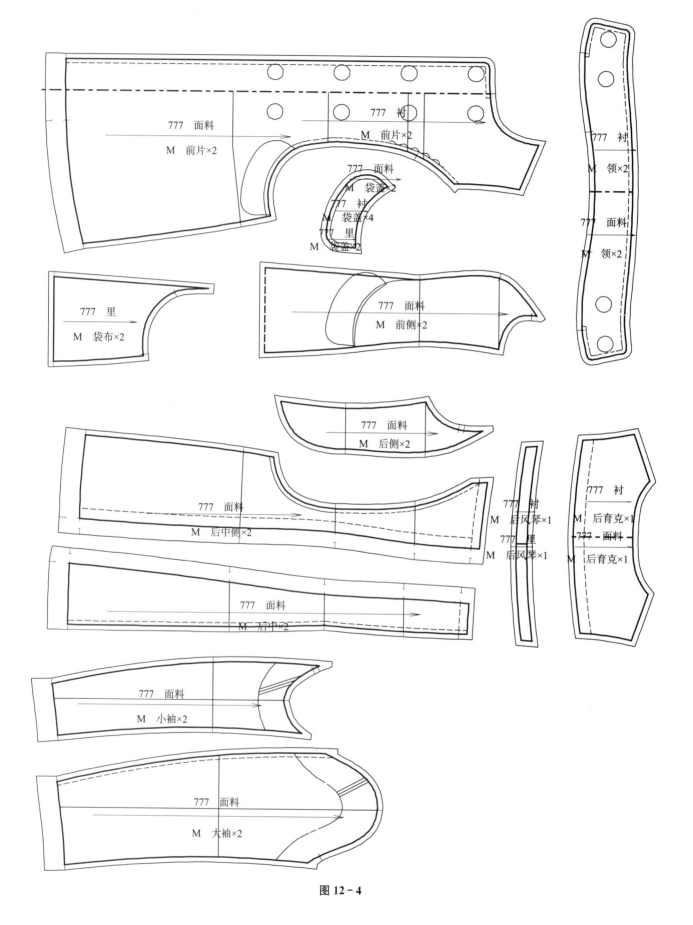

777 面料
M 前片×2

777 衬
M 前片×2

777 面料
M 袋盖×2

777 衬
M 袋盖×4

777 里
M 袋盖×2

777 里
M 袋布×2

777 面料
M 前侧×2

777 衬
M 领×2

777 面料
M 领×2

777 面料
M 后侧×2

777 面料
M 后中侧×2

777 衬
M 后风琴×1

777 里
M 后风琴×1

777 衬
M 后育克×1

777 面料
M 后育克×1

777 面料
M 后中×2

777 面料
M 小袖×2

777 面料
M 大袖×2

图 12 - 4

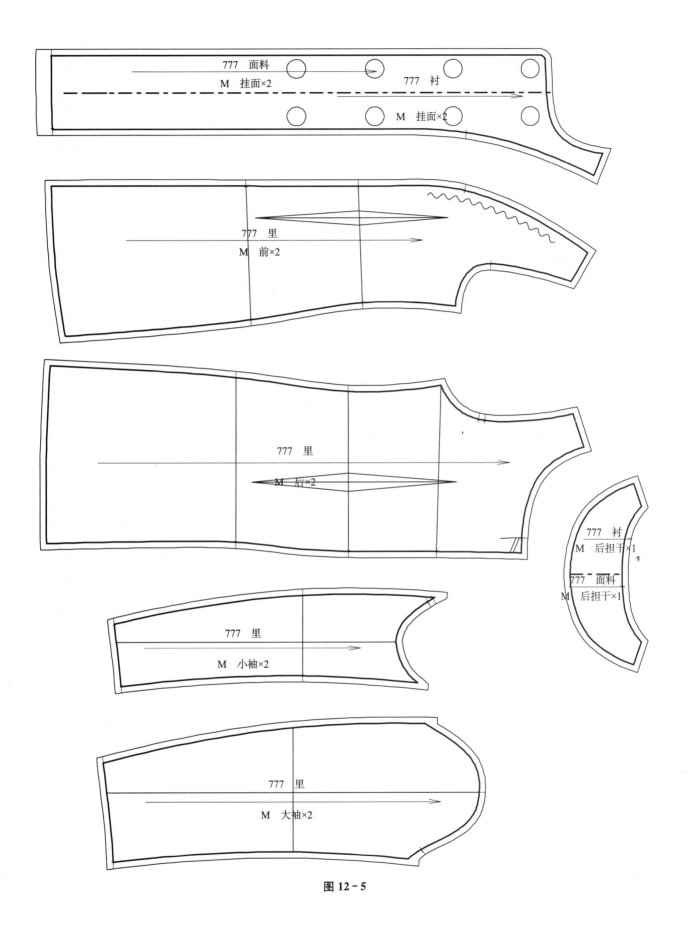

图 12 - 5

第二节　加长大衣

这款大衣的长度比较长,双排扣,三开身结构,见图12-6～图12-9。

单位: cm

制图部位	制图尺寸
后中长	107
胸围	97
腰围	87.4
臀围	99.5
摆围	129
肩宽	41
袖长	60.5
袖口	30
袖肥	34.5
袖窿	47

图 12 - 6

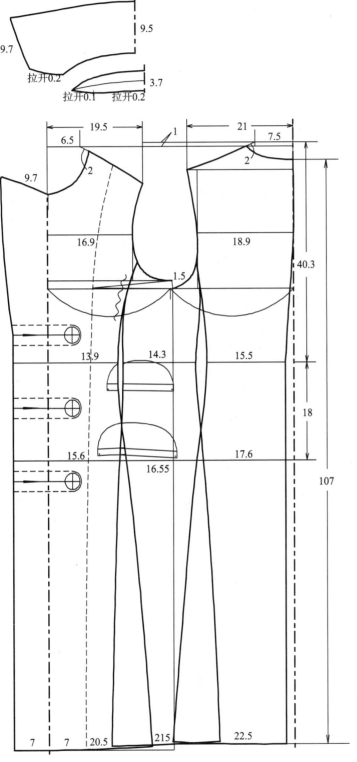

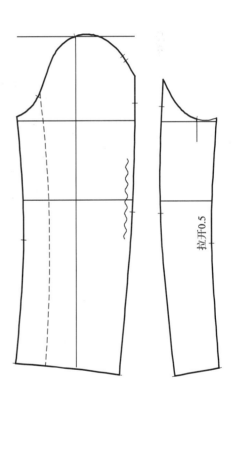

图 12－7

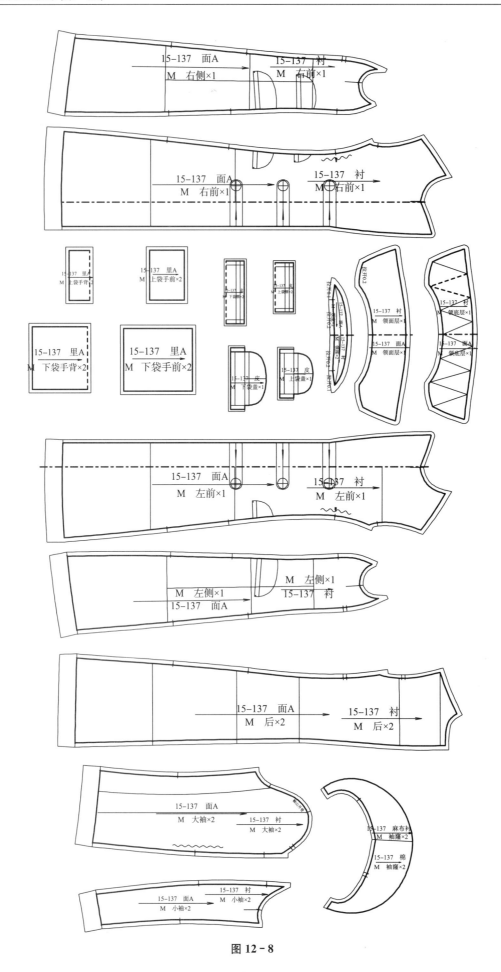

图 12－8

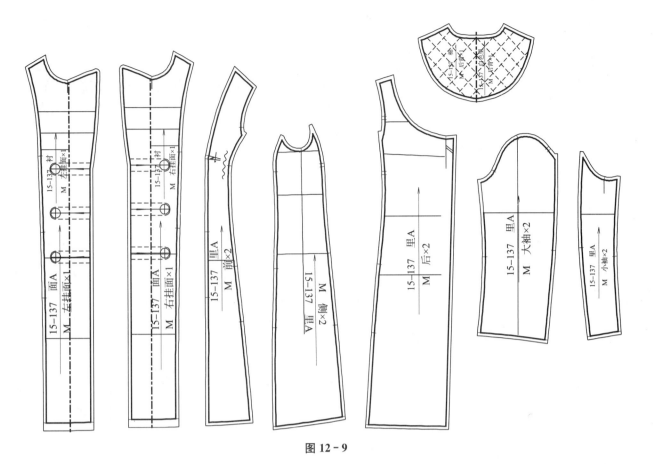

图 12 - 9

第三节　娃娃装板型

娃娃装原意是指小娃娃穿的服装,这里所说的娃娃装是指成年女性的服装,融合了小孩服装的主要元素,见图 12 - 10。

单位：cm

制图部位	制图尺寸
后中	53
胸围	94
胸下围	88
肩宽	38
袖长	60
袖口	25
袖肥	34
袖隆	46

图 12 - 10

　　在上面这一个款式中,可以看到娃娃装上衣的衣长比较短,衣片有前、后育克,宽褶,从胸下扩张,加大钮扣和暗扣,配以较宽领子,再配袖襻、后襻、蝴蝶结等,给人以年轻、可爱、俏皮的感觉和联想。

　　娃娃装板型的特点是胸部和胸部以上都是合体的,侧缝从腰下 7~8cm 处开始逐渐放大,如果后中有比较宽的褶,要把前下摆适当增加,后下摆适当减少,使之前后下摆的长度尽量平衡,见图 12-11。

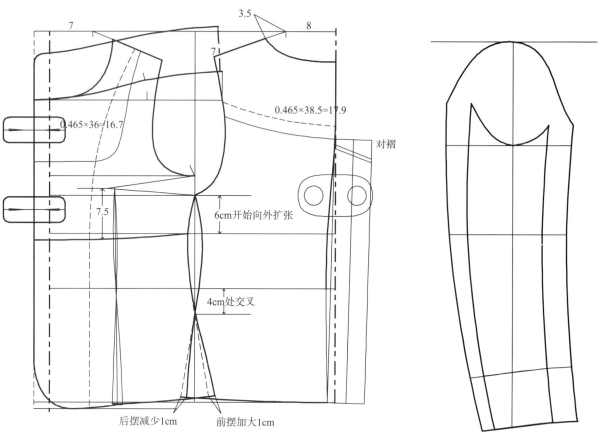

当后中对褶量比较大时,要把前摆加大,
后摆减少,以免出现侧缝偏前的现象

图 12 - 11

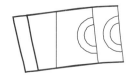

第一步,复制出袖口

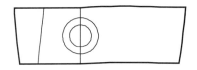

第二步,把前袖缝对接

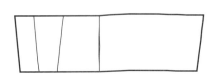

第三步,小袖后缝加3cm重叠位

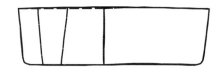

第四步,后袖衩圆角处理,整理裁片形状

图 12 - 12

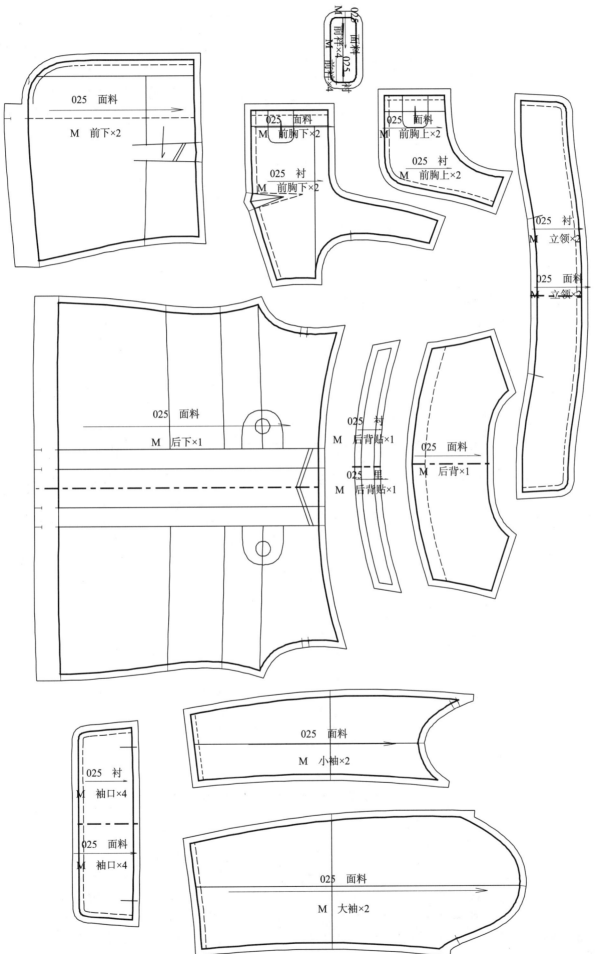

025　面料
M　前下×2

025　面料
M　前样×4

025　衬
M　前样×4

025　面料
M　前胸下×2

025　衬
M　前胸下×2

025　面料
M　前胸上×2

025　衬
M　前胸上×2

025　衬
M　立领×2

025　面料
M　立领×2

025　面料
M　后下×1

025　衬
M　后背贴×1

025　里
M　后背贴×1

025　面料
M　后背×1

025　衬
M　袖口×4

025　面料
M　袖口×4

025　面料
M　小袖×2

025　面料
M　大袖×2

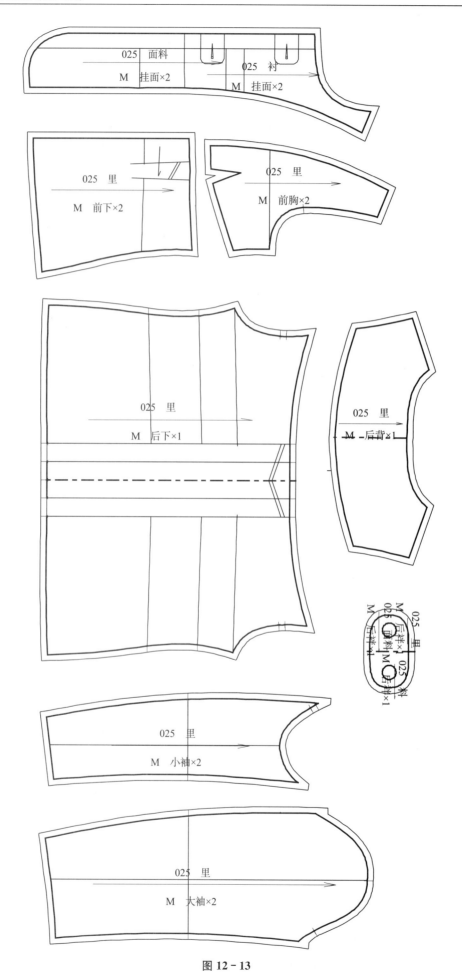

图 12 - 13

第四节　小外披

小外披是比较短的款式，可以结合连衣裙同时穿着，见图 12 - 14～图 12 - 17。

制图部位	制图尺寸
后中	32.5
胸围	90
摆围	80
肩宽	34.5
袖长	11
袖口	20
袖隆	46

单位：cm

图 12 - 14

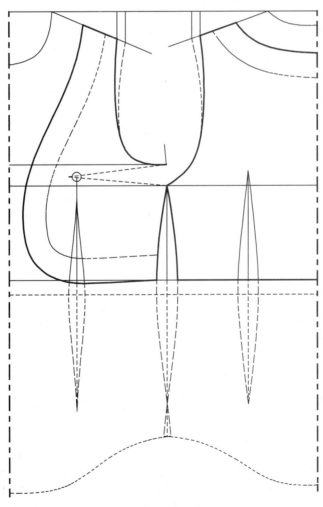

图 12 - 15

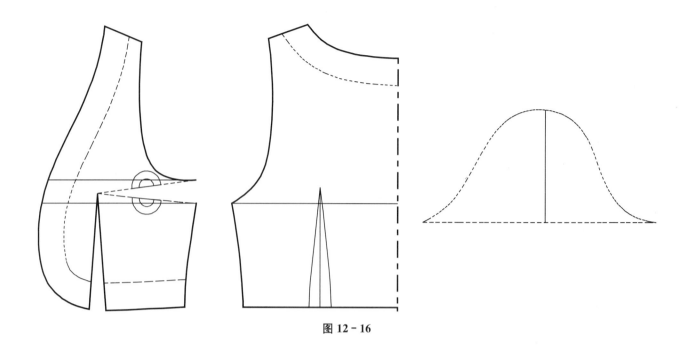

图 12 - 16

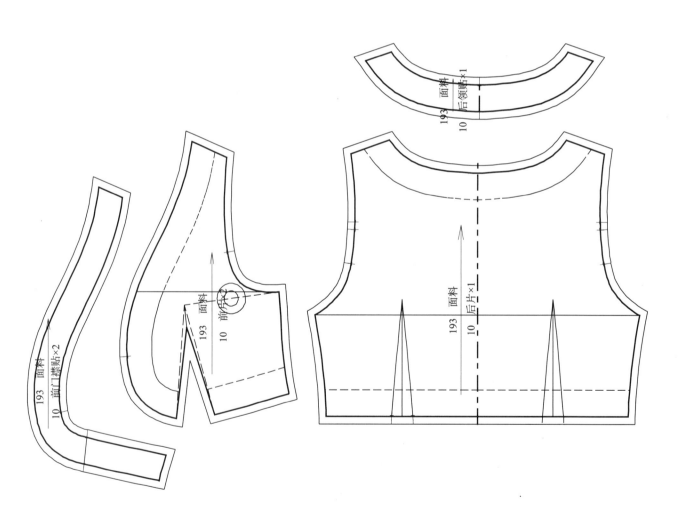

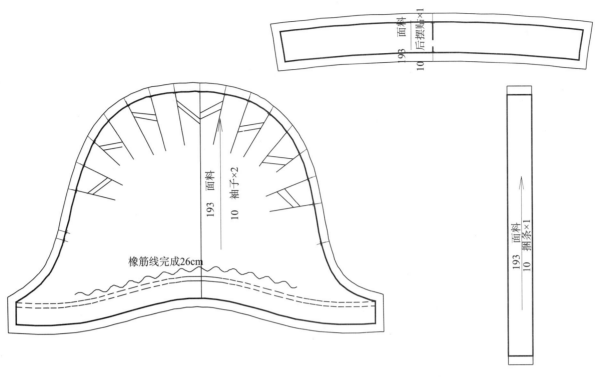

图 12－17

第五节　倾斜连身袖

此款为针织布做成，整体朝一边倾斜，袖子左右不对称，见图 12－18～图 12－21。

制图尺寸	单位 cm
后中长	66
胸围	98
腰围	98
摆围	80

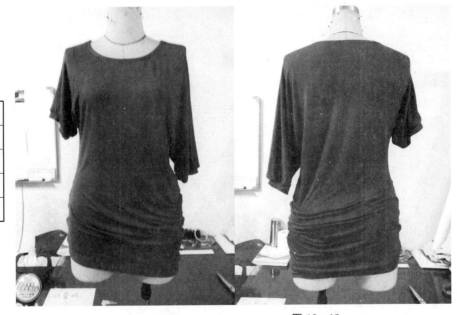

图 12－18

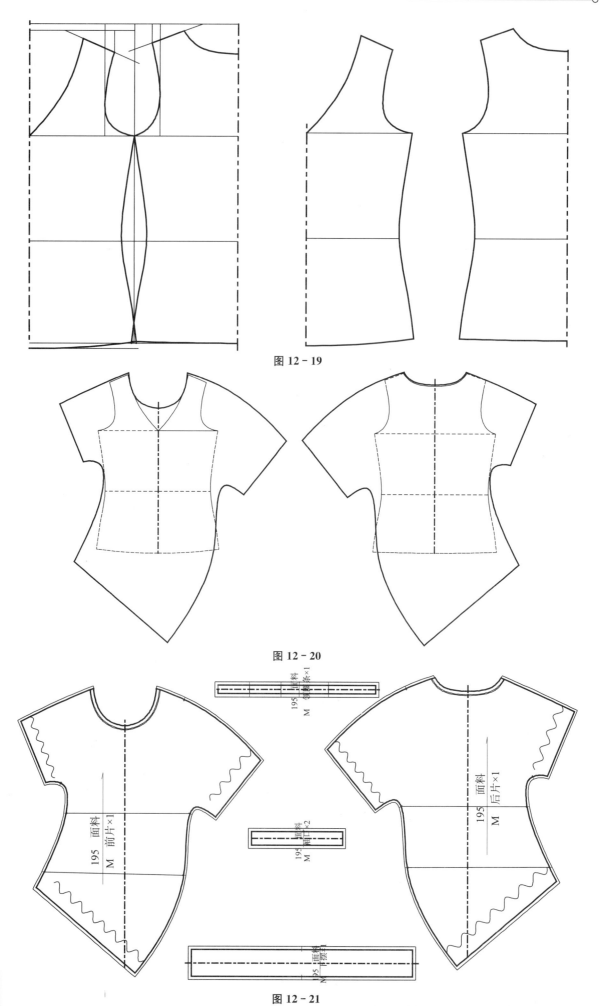

图 12 - 19

图 12 - 20

图 12 - 21

第六节　时尚袖型款式

此款为小西装结构，袖子延长，翻转后再缝到前袖窿里面，见图 12-22。袖子面、里布见图 12-23、图 12-24。

制图尺寸	单位 cm
后中长	53
胸围	94
腰围	75
摆围	96
肩宽	36
袖长	60
袖口	25
袖肥	34
袖窿	46

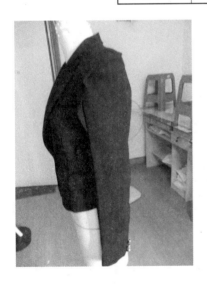
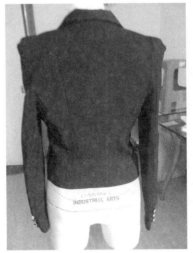

图 12-22

图 12-23

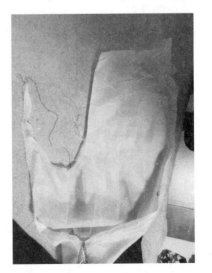

图 12-24

底稿和裁片见图 12 - 25～图 12 - 27。

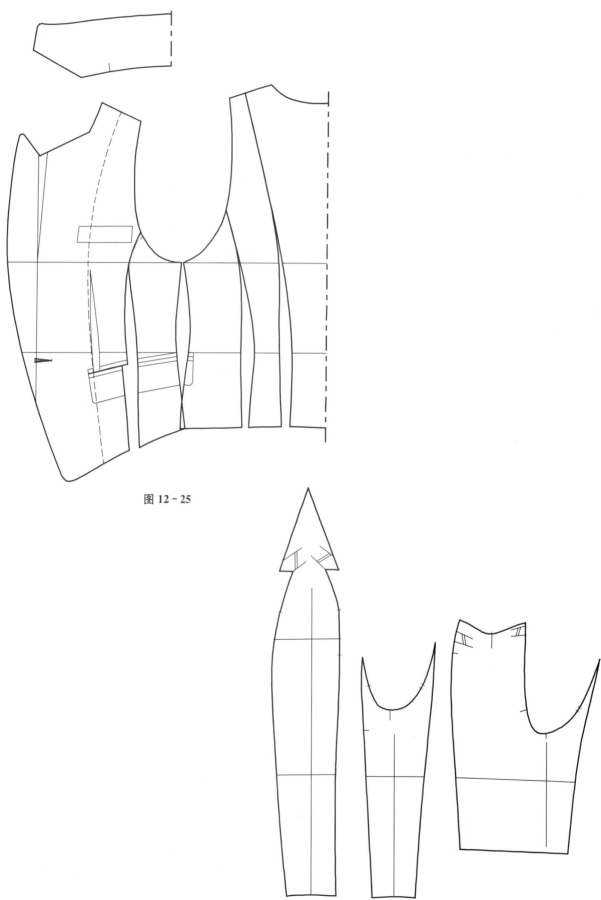

图 12 - 25

图 12 - 26

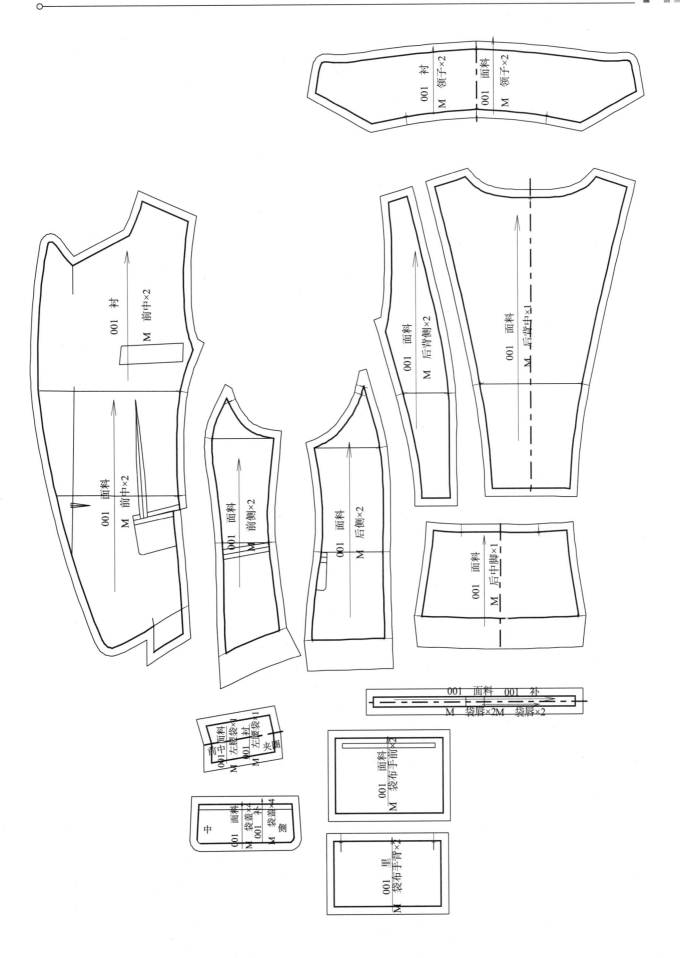

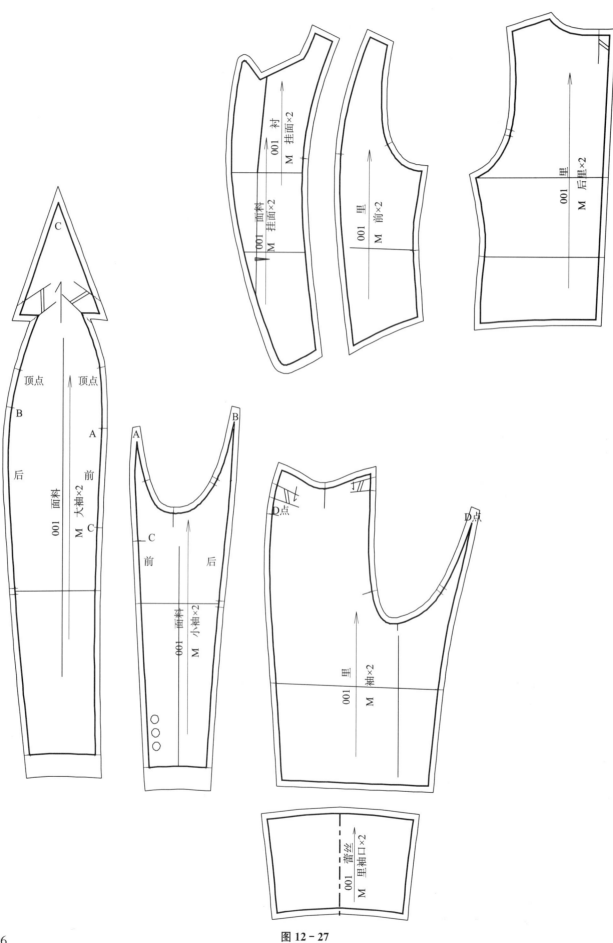

图 12－27

第七节　纽结款式

此款前片为整片,旋转两次,腰的两侧有拼缝,见图 12-28~图 12-32。

单位:cm

制图部位	制图尺寸
后中长	90
胸围	84
腰围(参考尺寸)	68
摆围	88
肩宽	34
袖窿	41

图 12-28

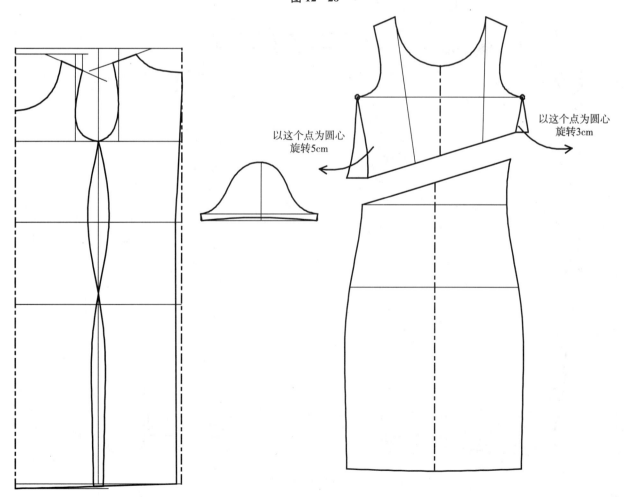

以这个点为圆心
旋转5cm

以这个点为圆心
旋转3cm

图 12-29

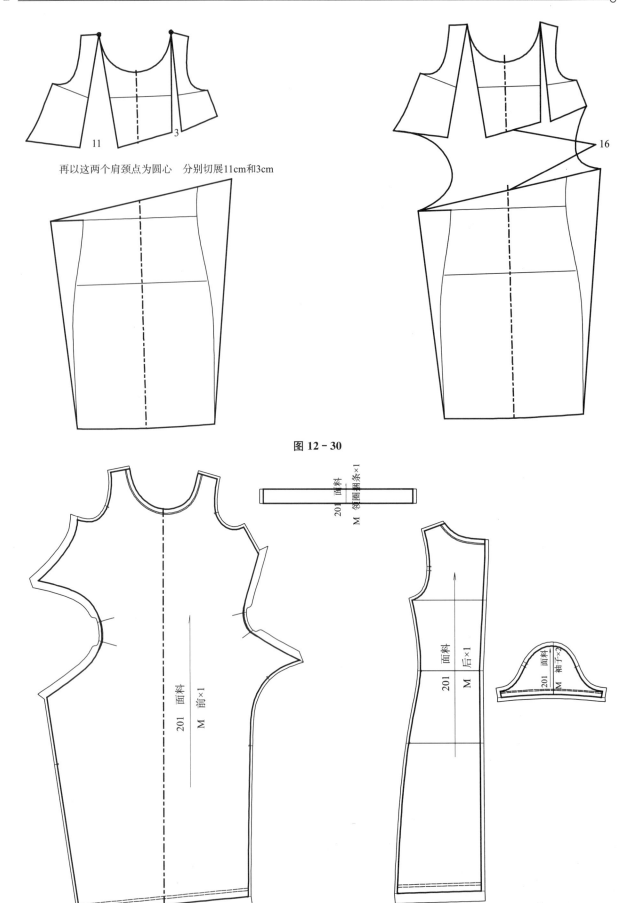

再以这两个肩颈点为圆心　分别切展11cm和3cm

图 12 - 30

图 12 - 31

图 12-32 完成后的效果

第八节 多皱款式

此款为针织布做成,裁片拉伸后再收皱回到原来的尺寸,使之产生皱褶效果,见图 12-33~图 12-36。

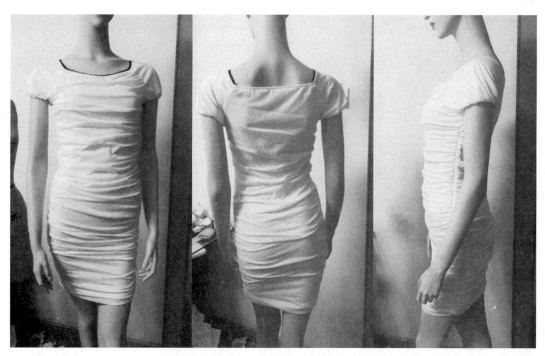

图 12-33

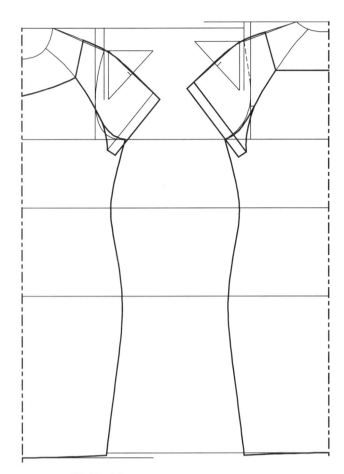

单位：cm

制图部位	制图尺寸
后中长	80
胸围	84
腰围	68
摆围	74

图 12 - 34

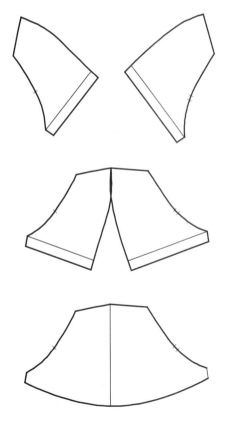

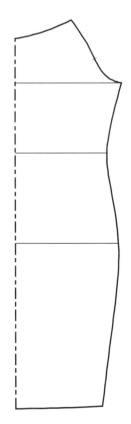

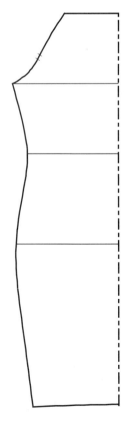

图 12 - 35

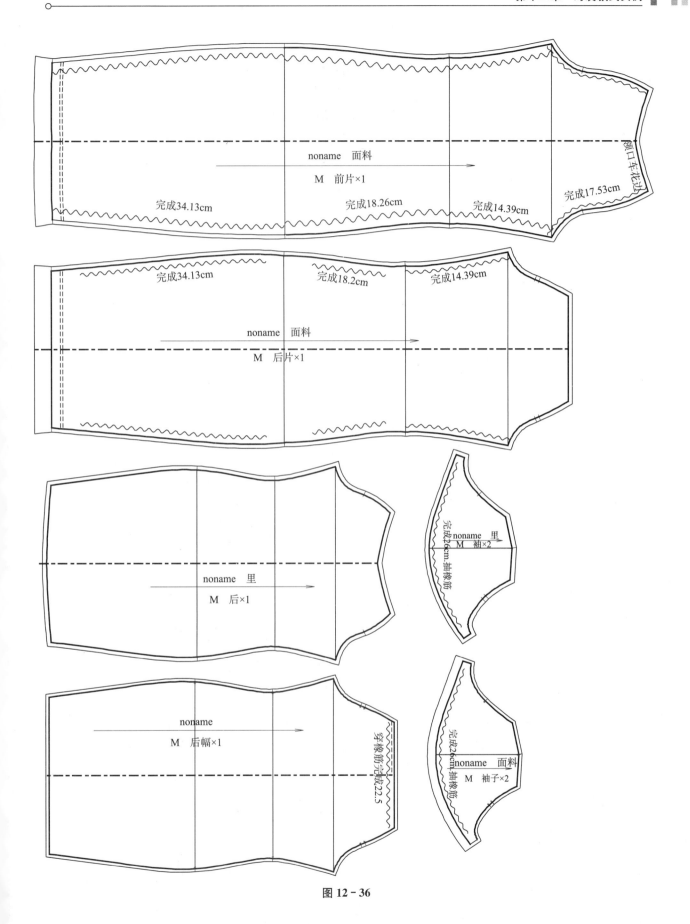

图 12 - 36

第九节　不对称款式

此款运用转省和切展的手法,使之成为多个斜褶的造型,见图 12－37。

	单位：cm
制图部位	制图尺寸
后中	85
胸围	92
腰围	76
肩宽	36.5
袖长	10
袖窿	46

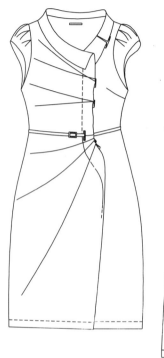

图 12－37

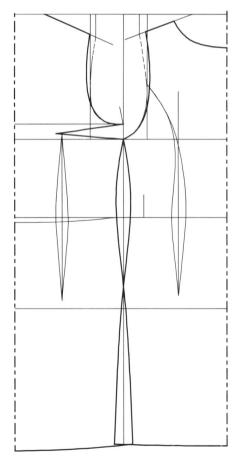
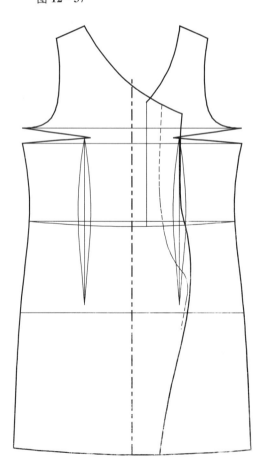

图 12－38

（1）右前胸的演变，见图 12 - 38、图 12 - 39。

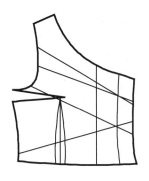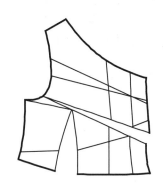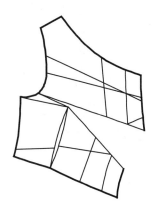

图 12 - 38

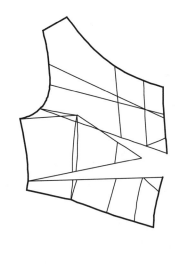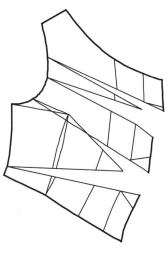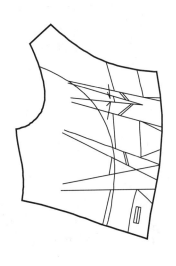

图 12 - 39

（2）左前胸的演变，见图 12 - 40。

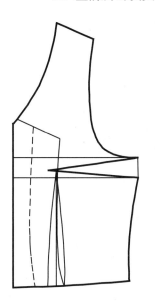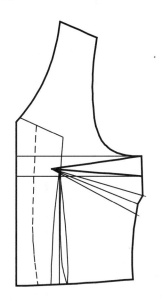

图 12 - 40

（3）前裙片见图 12-41～图 12-43。

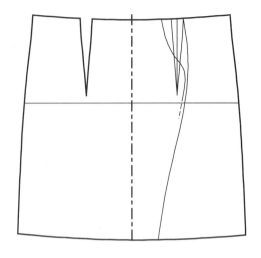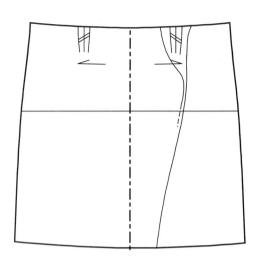

图 12-41

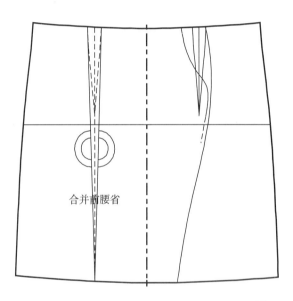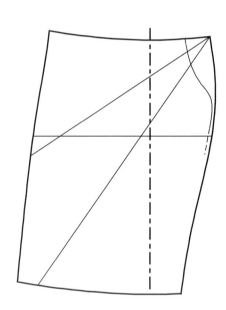

合并前腰省

图 12-42

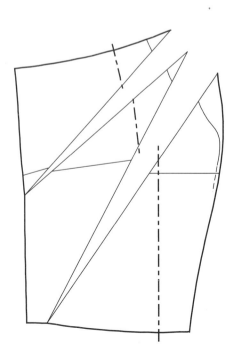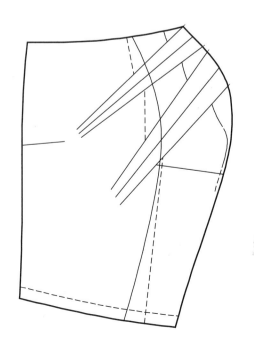

图 12-43

（4）后片，见图 12 - 44。

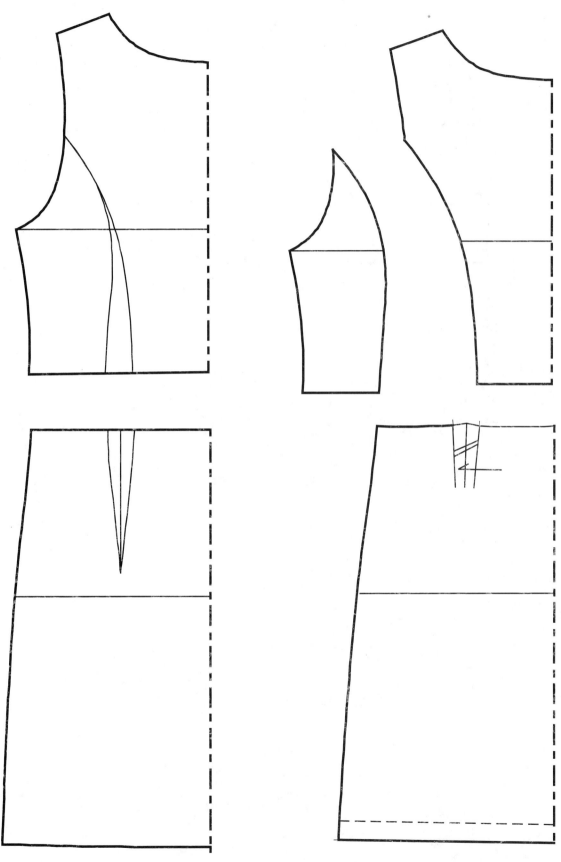

图 12 - 44

（5）领子，见图 12-45。

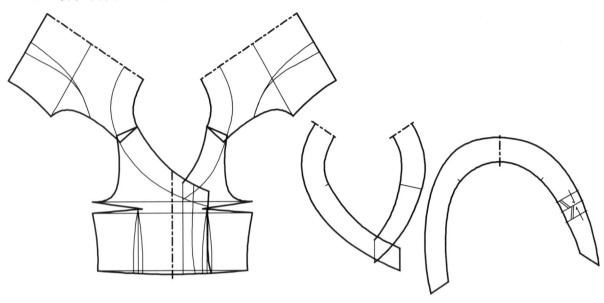

图 12-45

（6）袖子(小盖袖加褶)见图 12-46、图 12-47。

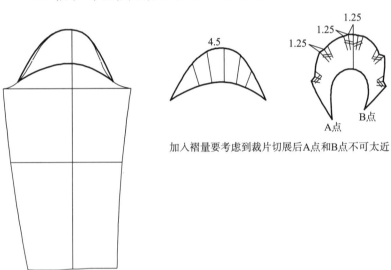

4.5

1.25
1.25
1.25

A点   B点

加入褶量要考虑到裁片切展后A点和B点不可太近

图 12-46

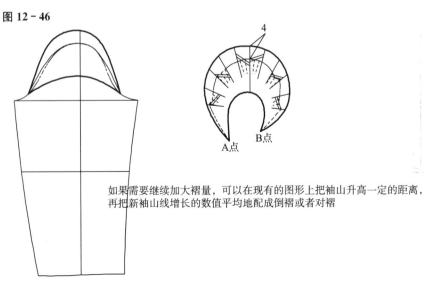

4

A点   B点

如果需要继续加大褶量，可以在现有的图形上把袖山升高一定的距离，再把新袖山线增长的数值平均地配成倒褶或者对褶

图 12-47

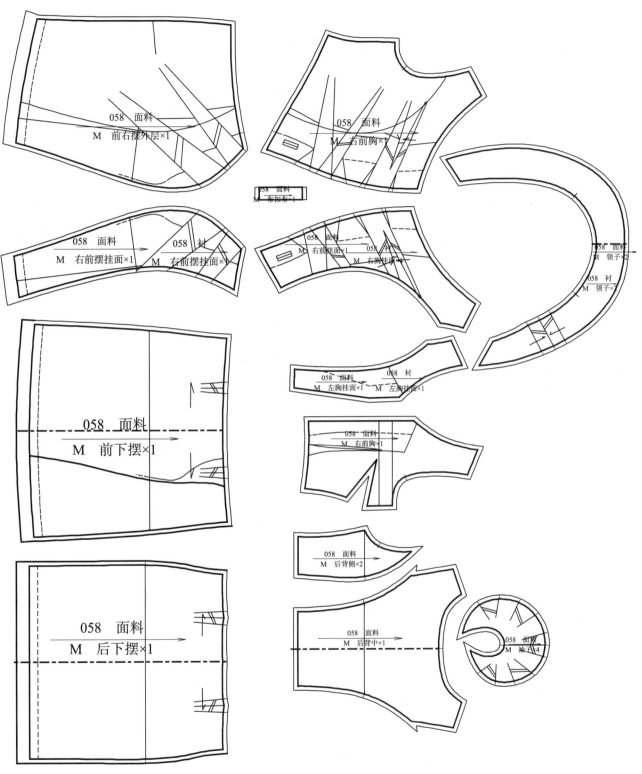

图 12 - 48

图 12 - 49

第十节 综合款式

这个款综合了棉衣、西装下摆、长裙、叠驳领和落肩袖的多种特征,有明显的收腰。可以把缉棉花的线迹断开,把胸省和腰省转移、隐藏在分割缝里,达到外观和款式图相应,同时具有合体板型特征的目的,见图 12 - 50～图 12 - 53。

单位：cm

制图部位	制图尺寸
后中	100
胸围	96
腰围	82
下摆	160
肩宽	
袖长	55
袖口	26.5
袖肥	37

图 12 - 50

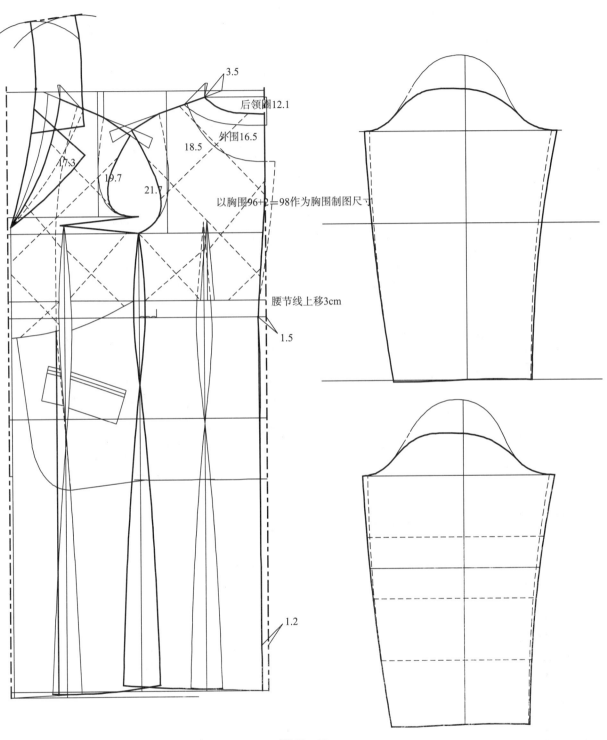

3.5

后领圈12.1

外围16.5

18.5

17.3

19.7

21.7

以胸围96+2=98作为胸围制图尺寸

腰节线上移3cm

1.5

1.2

图 12－51

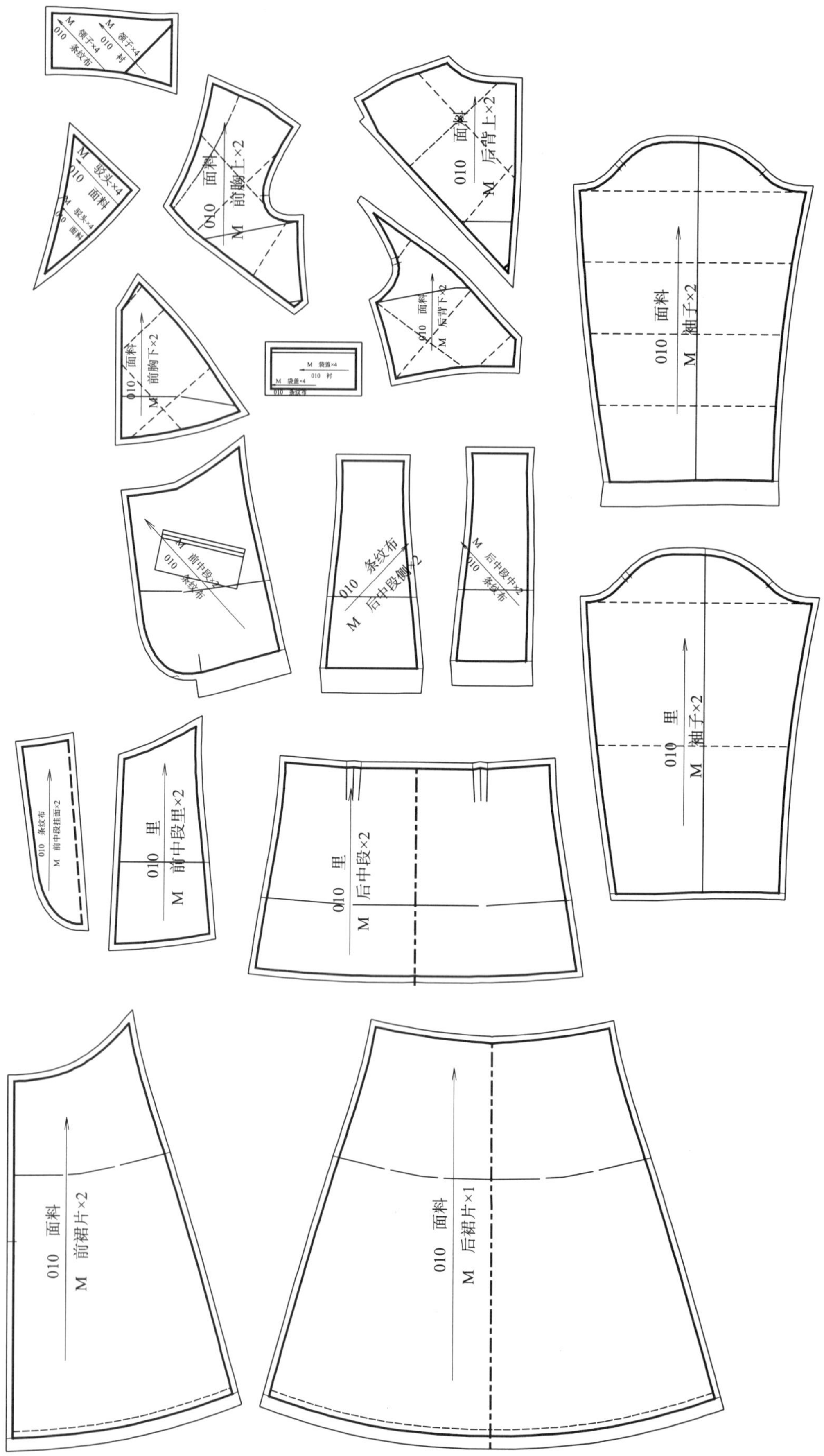

M 领子×4
010 衬
M 领子×4
010 条纹布
M 驳头×4
010 面料
M 驳头×4
010 面料
010 面料
M 前胸上×2
010 面料
M 后背上×2
010 面料
M 后背下×2
010 面料
M 前胸下×2
M 袋盖×4
010 衬
M 袋盖×4
010 条纹布
010 面料
M 袖子×2
M 前中段
010 条纹布
010 条纹布
M 后中段侧×2
M 后中段中×2
010 条纹布
010 里
M 袖子×2
010 条纹布
M 前中段挂面×2
010 里
M 前中段里×2
010 里
M 后中段×2
010 面料
M 前裙片×2
010 面料
M 后裙片×1

图 12－52

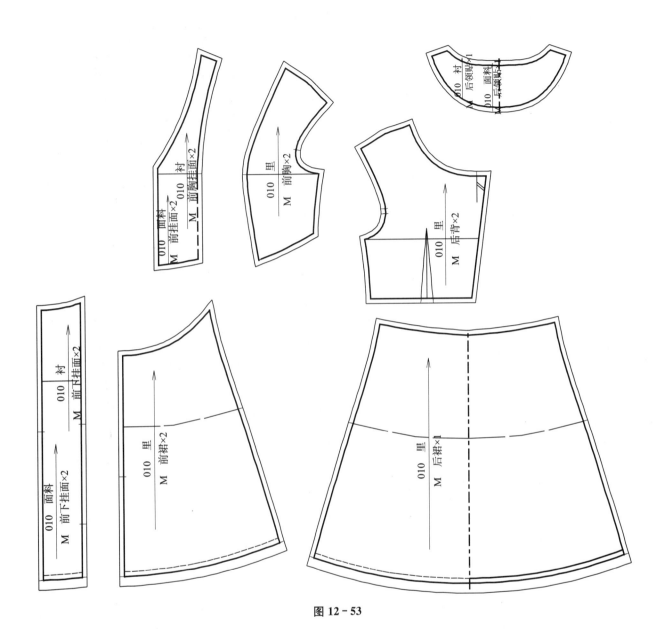

图 12－53

第十一节　波浪袖款式

此款波浪袖一直延伸到侧缝,是比较夸张的造型,见图12-54~图12-57。

图 12-54

单位:cm

制图部位	制图尺寸
后中长	85
胸围	90
腰围	90
摆围	124
肩宽	33.5
袖长	18

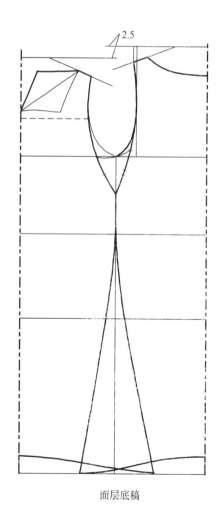

面层底稿

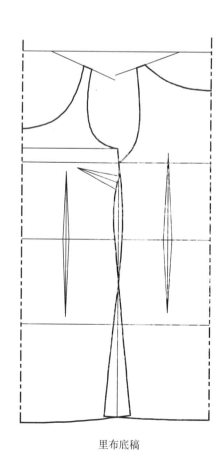

里布底稿

图 12-55

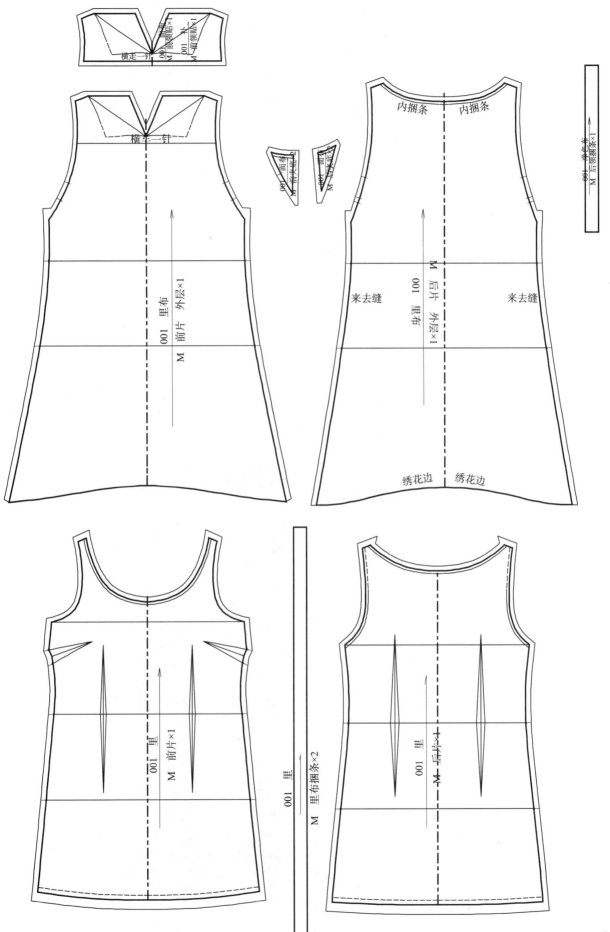

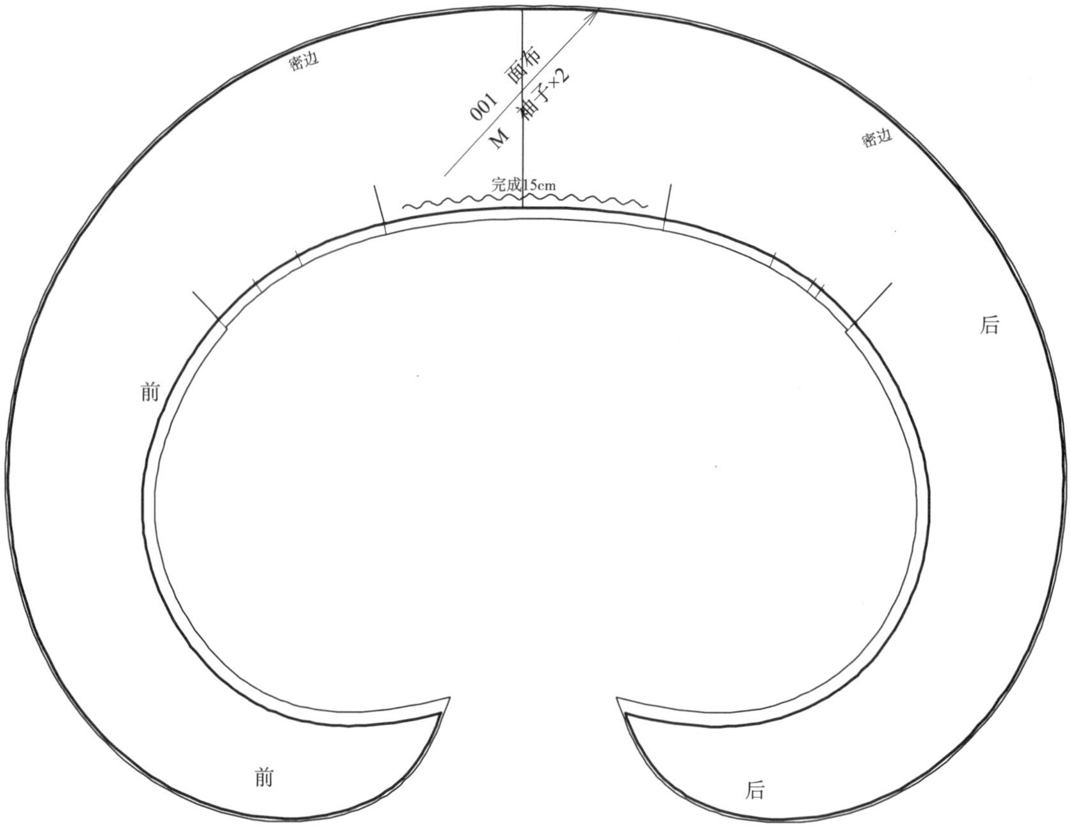

图 12 - 57 袖子

第十二节　宽吊带连衣裙

此款的外层面布有很多褶痕,里布仍然保持合体造型和尺寸,见图 12 - 58～图 12 - 62。

单位：cm

制图部位	制图尺寸	档差
后中长	62.5	1.5
胸围	92	4
腰围	74	4
臀围	94	4
摆围	90	4

图 12 - 58

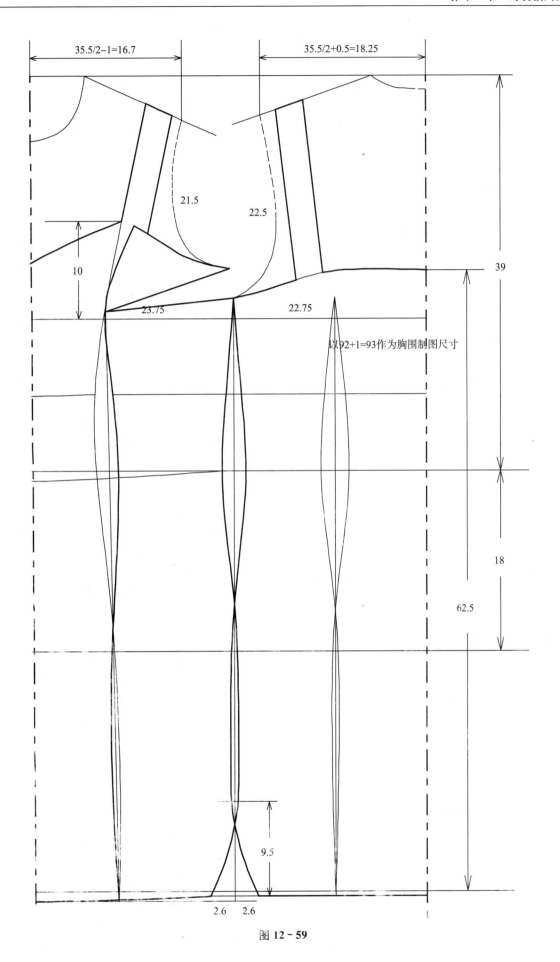

35.5/2-1=16.7

35.5/2+0.5=18.25

21.5

22.5

10

39

23.75

22.75

以92+1=93作为胸围制图尺寸

18

62.5

9.5

2.6　2.6

图 12－59

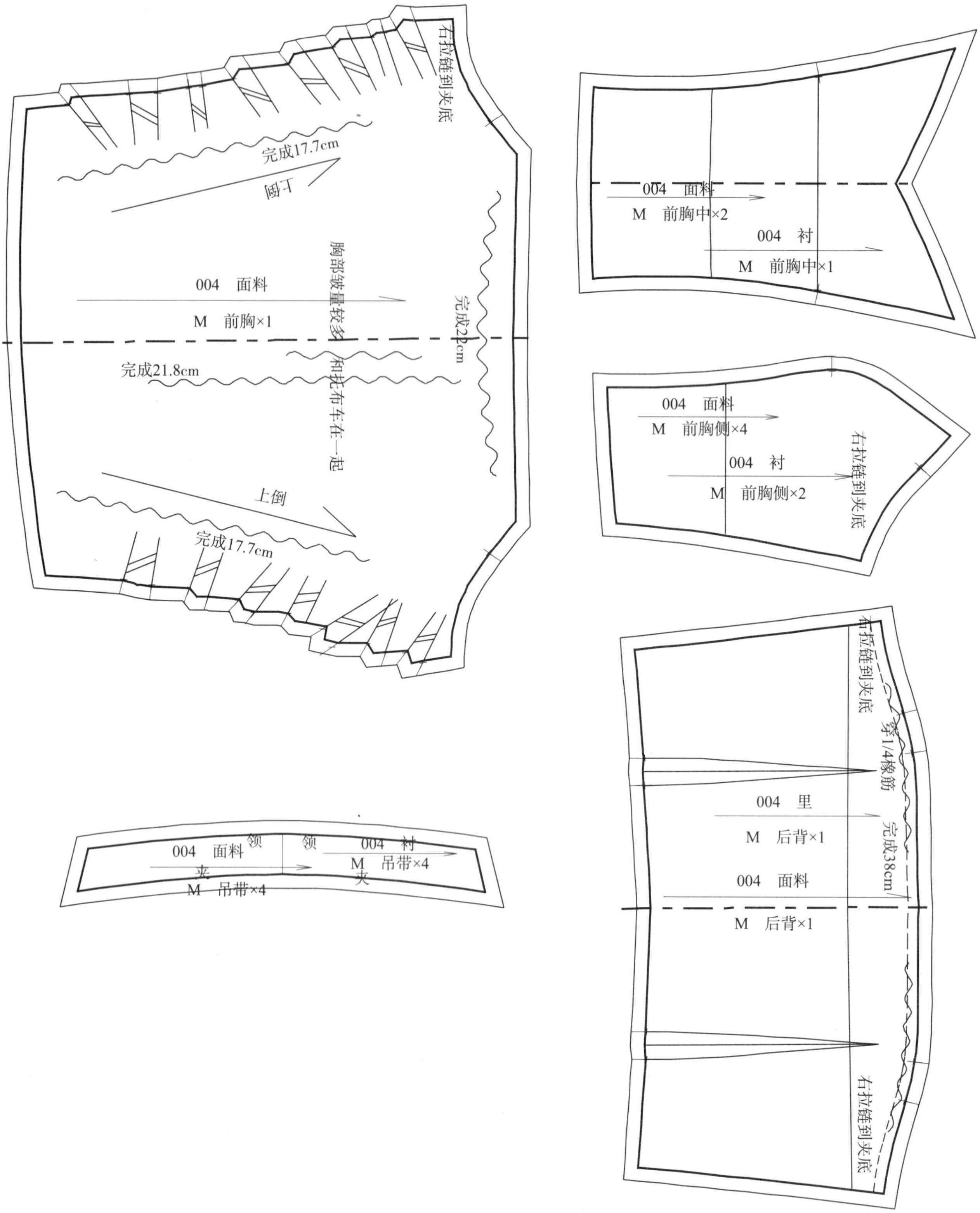

完成17.7cm

闷丁

胸部皱量较多

004　面料

M　前胸×1

完成21.8cm

完成21cm

和托布车在一起

上倒

完成17.7cm

右拉链到夹底

004　面料

M　前胸中×2

004　衬

M　前胸中×1

004　面料

M　前胸侧×4

004　衬

M　前胸侧×2

右拉链到夹底

004　面料领　　领　004　衬

夹　　夹

M　吊带×4　　M　吊带×4

右拉链到夹底

第14橡筋

完成38cm

004　里

M　后背×1

004　面料

M　后背×1

右拉链到夹底

图 12 - 60

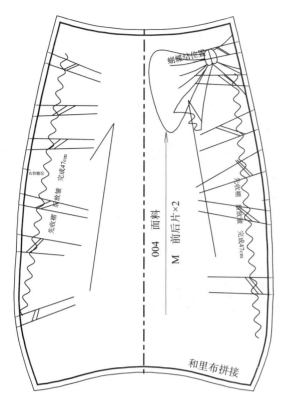

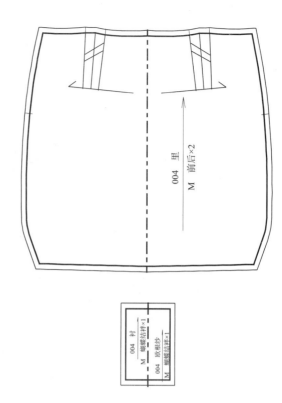

图 12-61

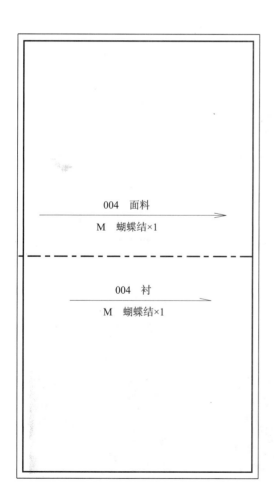

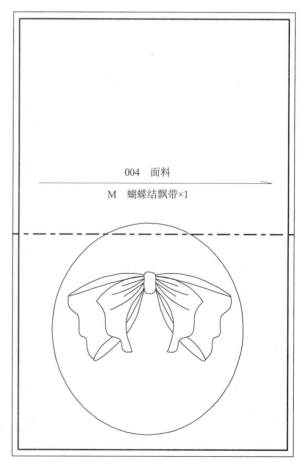

图 12-62

第十三节 方形裁片、打揽连衣裙

这款连衣裙完全由多个矩形的裁片组合而成,打揽是服装制作工艺之一,是由特种机器设备把橡筋线按照不同的密度和不同的图案缉在布料反面而成,见图12-64～图12-66。

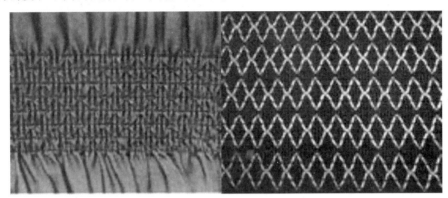

图 12-63

单位 cm

制图尺寸	制图尺寸
后中长	165
胸围(参考尺寸)	84
腰围	63
摆围	290

图 12-64

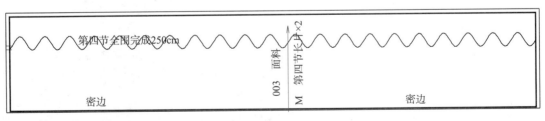

筷、条穿1/4支根、全围完成63cm

003 面料
M 第一节×1

吊带位置

18根打揽线 全围完成63cm

第二节全围完成120cm

003 面料
M 第二节长片×1

第三节全围完成208cm

003 面料
M 第三节×2

003 面料
M 第二节短片×1

003 面料
M 第四节短片×1

密边　　　　　密边

第四节 全围完成250cm

003 面料
M 第四节长片×2

密边　　　　　　　　　　　　　密边

图 12－65

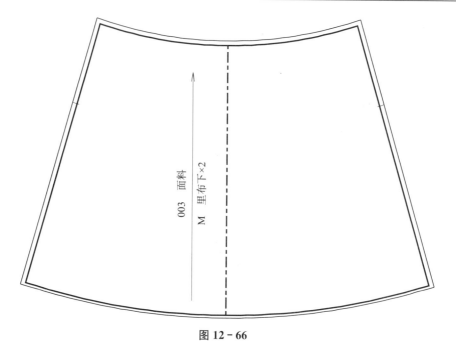

18根打揽线　全围完成63cm

003　面料
M　里布上×1

003　面料
M　里布下×2

图 12 - 66

第十四节　放射状褶款式

此款的右前侧圆孔有隧道穿绳,收紧后形成放射状褶造型,见图 12 - 68～图 12 - 73。

单位 cm

制图部位	制图尺寸
后中长	85
胸围	96
腰围(参考尺寸)	
摆围(参考尺寸)	

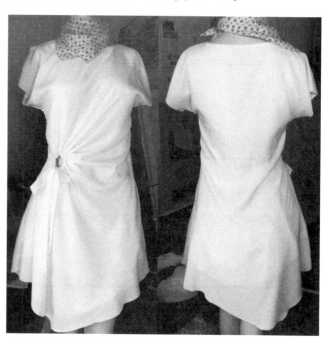

图 12 - 67

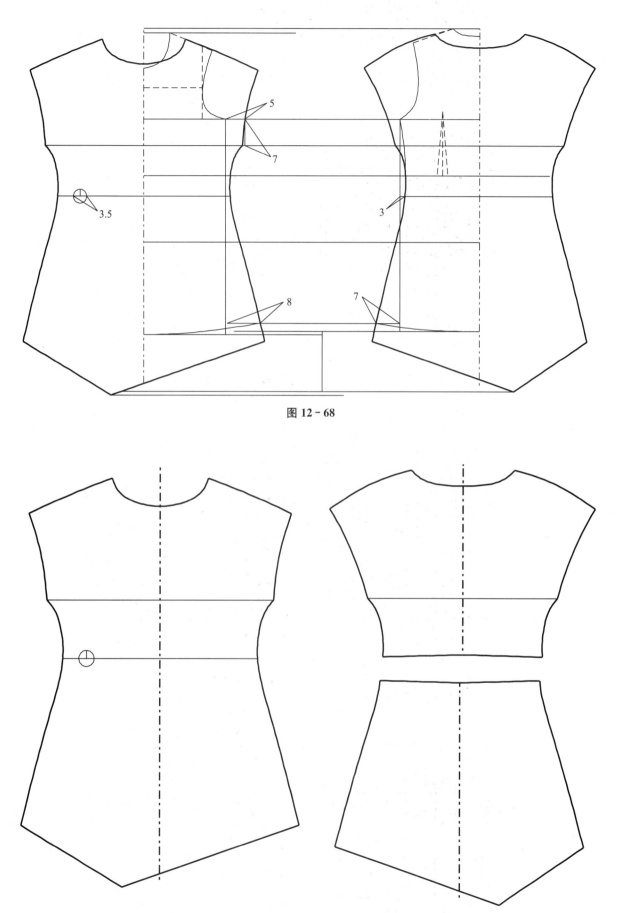

图 12 - 68

图 12 - 69

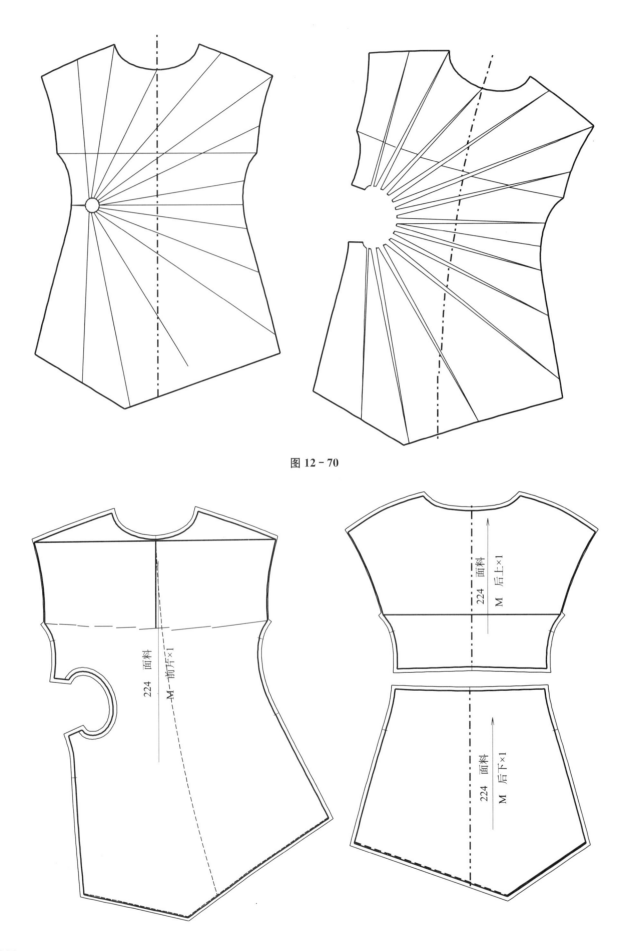

图 12－70

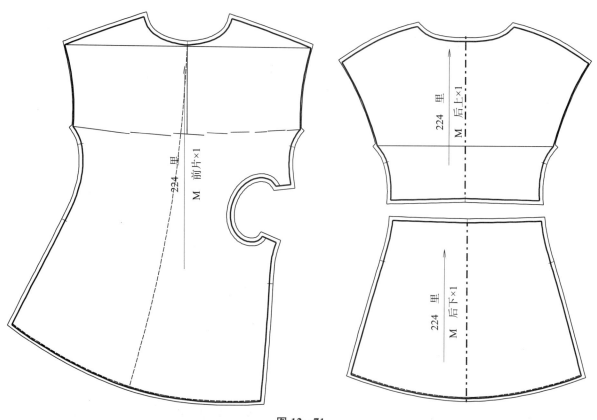

图 12 – 71

图 12 – 72

第十五节 排褶款式与立体褶款式

所谓的排褶和立体褶,是指由专业的压褶工厂用特种机械设备,采用高温高压的方式制成的不同褶量、不同间距的定型褶,其中排褶是指褶量上下相同,褶与褶之间的间距也是上下相同的制作方式,见图12-73。

图 12 - 73

立体褶又称太阳褶,是指上下褶量和间距都不一样,呈立体的压褶方式,见图12-74。

图 12 - 74

1. 排褶款式的制作方法(图 12 - 75)

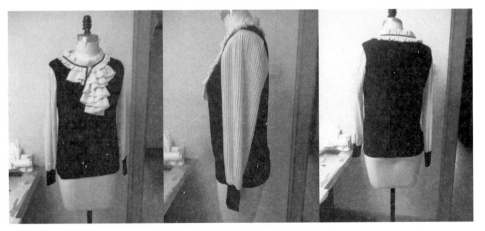

图 12 - 75

　　在图 12-75 这个款式里袖子是用杏色布压 0.6cm 的褶,间距为 1.2cm,在制作这种款式时要分别做出送到压褶厂的袖子毛样和修片纸样,其中压褶毛样图如果是单件的要预留有比较宽的缝边,以备压褶收缩后裁片的修剪整理。如果是批量的,则不需要预留宽缝边,因为批量生产压褶时是把整匹的布料送去压褶的,见图 12-76。

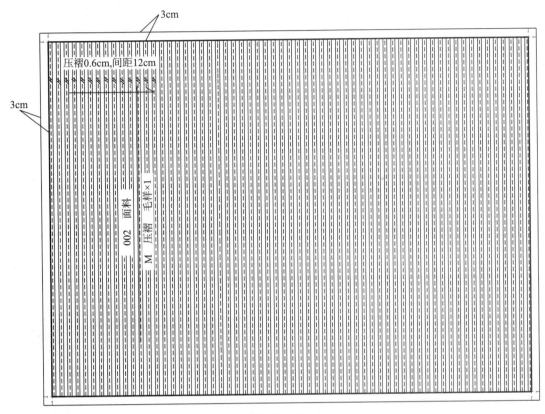

图 12-76

袖子修片样见图 12-77。

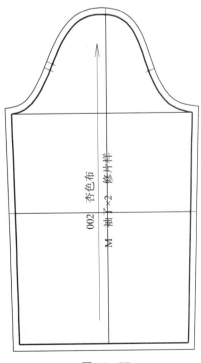

图 12-77

全部样片见图 12-78。

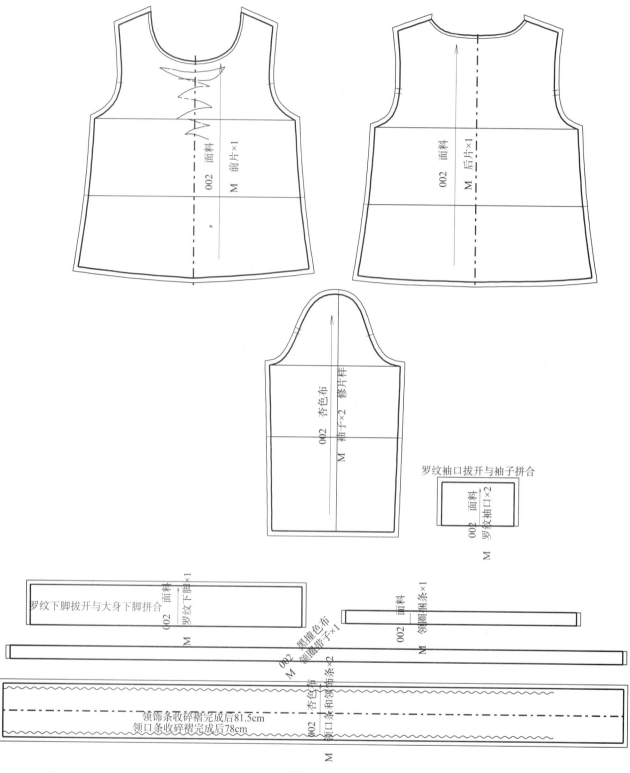

图 12-78

2. 立体褶款式的制作方法

立体褶也称太阳褶,特点是上褶量小,下褶量大,平均分布褶量,如同扇形,见图 12 – 79。

图 12 – 79

227

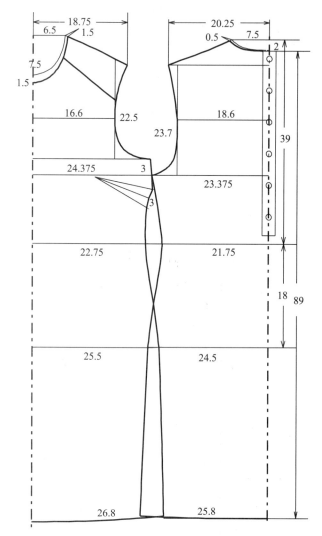

单位：cm

制图部位	制图尺寸
后中长	89
胸围	95.5
腰围	89
臀围	100
摆围	105.2
肩宽	39.5
袖长	58
袖口	20.7
袖肥	33.5
袖窿	46.2

图 12 - 80

旋转袖子的演变，见图 12 - 80～图 12 - 83。

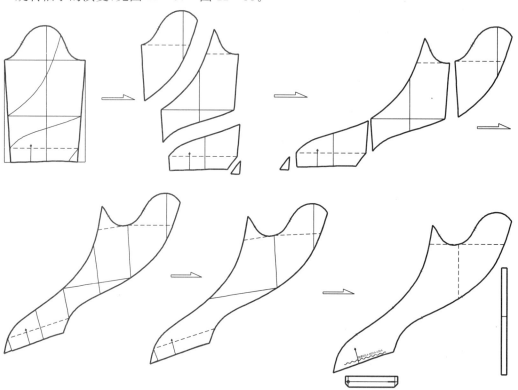

图 12 - 81

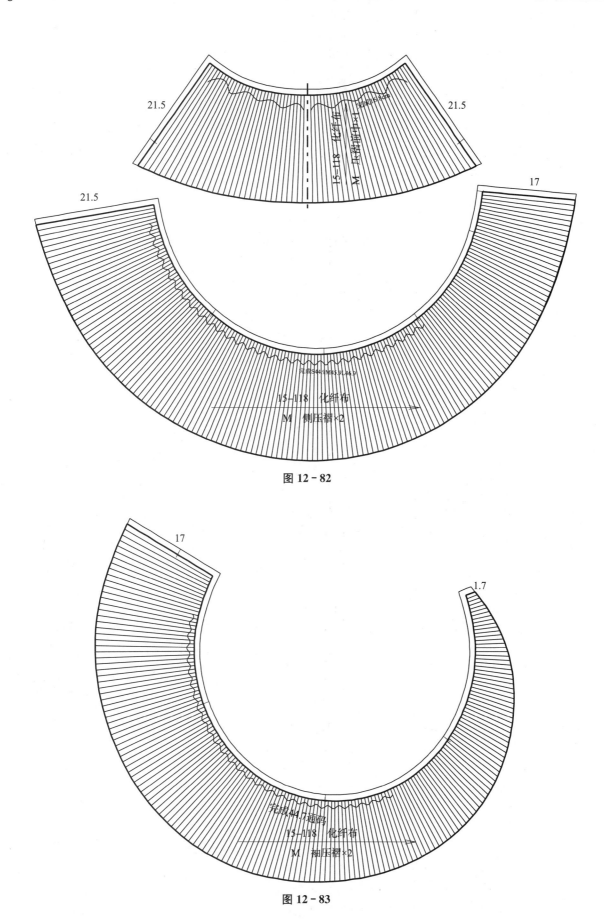

图 12 - 82

图 12 - 83

压褶裁片的注意事项:

① 这个款的衣身是真丝布料制作的,但是压褶裁片不是真丝的,而是化纤布料制作的,因若用真丝压褶,消费者洗衣服后,褶痕就会逐渐衰退甚至消失,如果采用化纤布料,可以解决这个问题。

② 交到压褶厂的太阳褶裁片是加过缩水的,并预先处理好裁片的边缘,裁片边缘通常处理方法有卷边、密边、激光烧花、对丝等,无论怎样的处理,都需要提前完成,熨烫平整,然后送压褶厂。

③ 立体褶通常不需要修片,如果是排褶需要修片。

④ 立体裁片长度受到布料幅宽的限制,如果压褶裁片太大,超过了布料幅宽就无法裁剪,解决的方法有断开裁片或以每隔一根或者每隔两根以上的线条展开立体褶,见图12-84～图12-86。

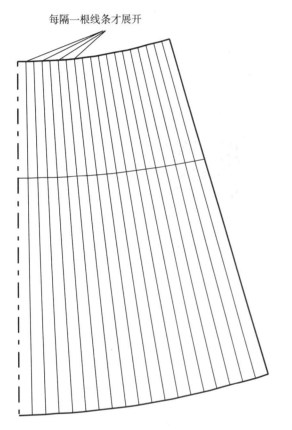
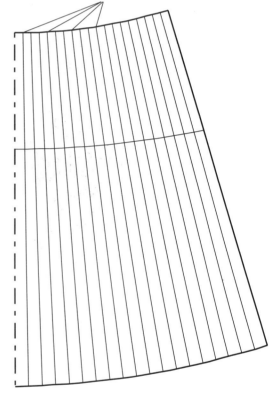

图 12 - 84

全部的裁片见图12-85、图12-86。

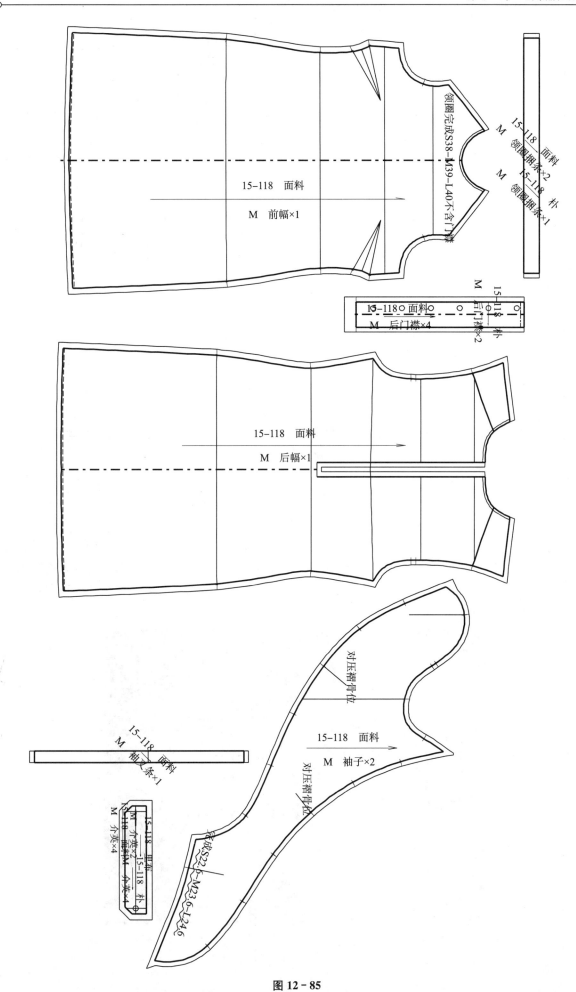

领圈完成S38—M39—L40不含门襟

15-118 面料

M 前幅×1

15-118 面料

M 领圈拼条×2

15-118 朴

M 领圈拼条×1

15-118 朴

M 后门襟×2

15-118 面料

M 后门襟×4

15-118 面料

M 后幅×1

15-118 面料

M 袖叉条×1

对压褶骨位

15-118 面料

M 袖子×2

对压褶骨位

完成S22.6—M23.6—L24.6

15-118 面料

M 介英×2

15-118 朴

M 介英×4

图 12－85

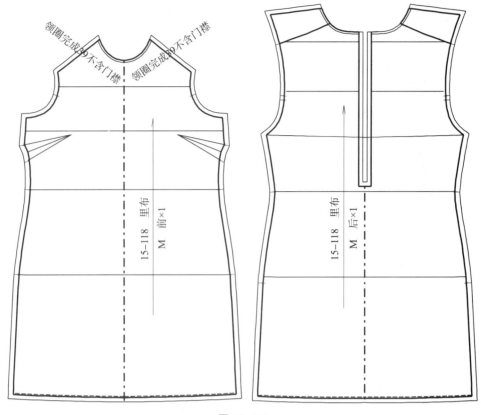

图 12 - 86

第十六节　塑身胸衣

现代塑身胸衣主要功能是塑造优美体型,但是必须采用高弹力,同时既有透气性又有相当密度的面料,才能使穿着者舒适而无束缚感,塑身胸衣的尺寸设置可以略小于人体净尺寸,缝制时加入胸杯棉、钢丝托和鱼骨条(胶条),其中的鱼骨条可以穿在缝边里面,也可以用原身布包住两头缉在缝边上,起到支撑和防止起横向褶痕的作用,见图 12 - 87～图 12 - 90。

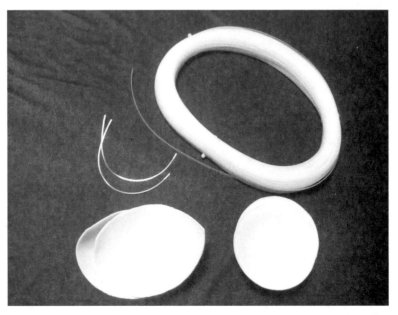

图 12 - 87

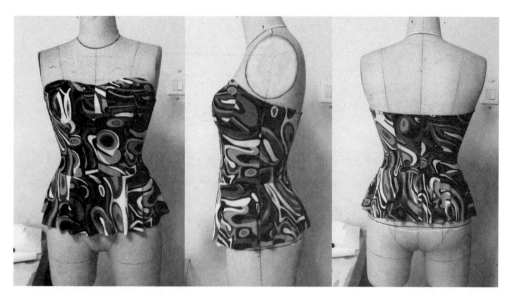

图 12－88

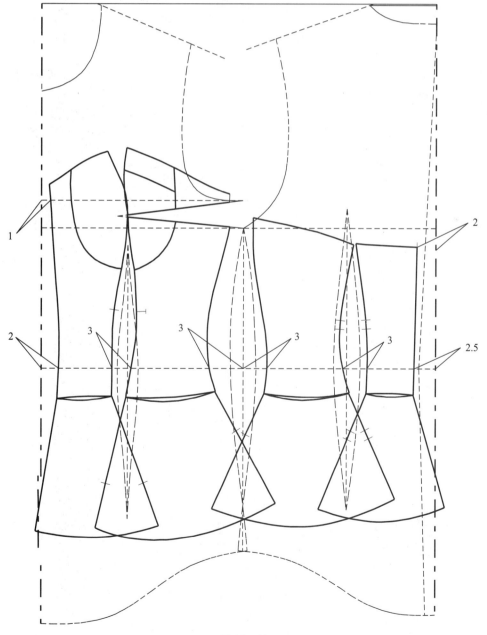

图 12－89

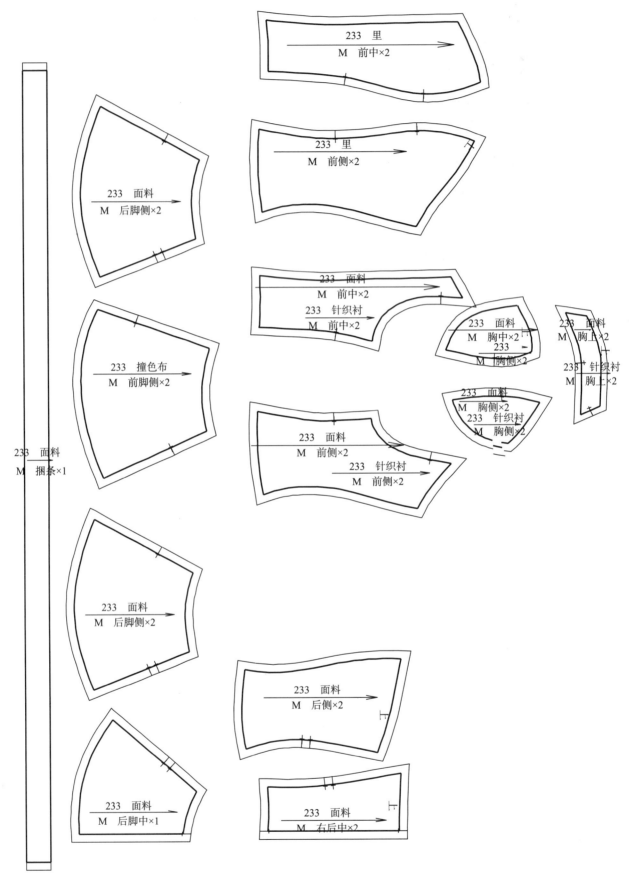

图 12－90

第十七节　泳衣

见图 12-91～图 12-93。

图 12-91

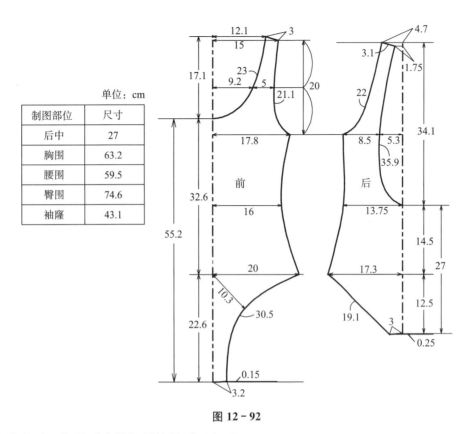

单位：cm

制图部位	尺寸
后中	27
胸围	63.2
腰围	59.5
臀围	74.6
袖窿	43.1

图 12－92

在里布的基础上加放适当的松量就得到面布了

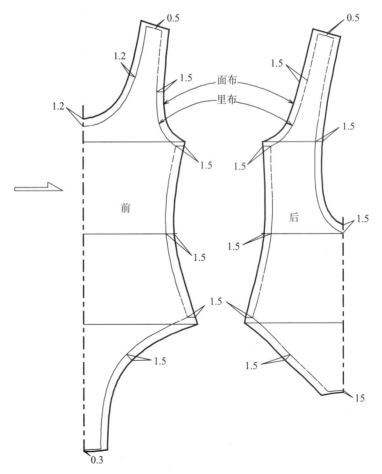

图 12－93

第十八节 其它女装单品和附件

（1）蕾丝袖套，见图 12-94。

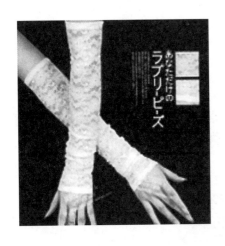

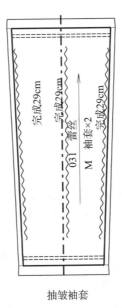

抽皱袖套　　　　抽橡筋袖套

图 12-94

（2）女式领带

第一种：仿照男式的领带，这种领带的各部位尺寸和男式的领带一样，只是做工可以适当简化，不用过于复杂，见图 12-95。

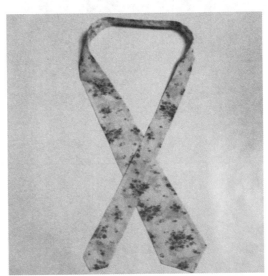

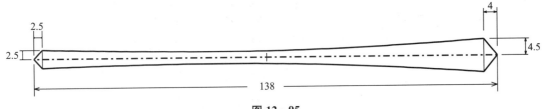

图 12-95

第二种:宽型领带

这种领带有单层和双层两种做法,其中的单层领带只需四周卷边,双层领带是沿中线对折,缉线后翻转,再封口,烫平即可,见图12-96。

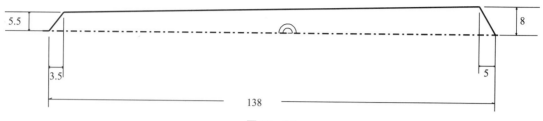

图 12-96

（3）围脖,见图12-97、图12-98。围脖是像围巾一样围住脖子,但是围脖是环形的,这一点和围巾不一样。

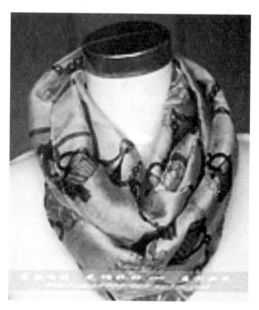

图 12-97

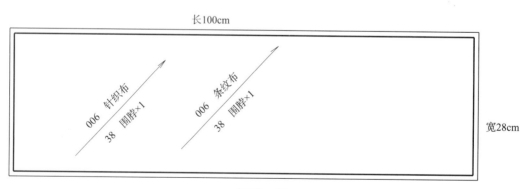

图 12-98

（4）头结，见图 12 - 99。

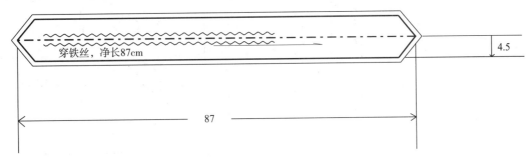

穿铁丝，净长87cm

4.5

87

图 12 - 99

（5）方巾，见图 12 - 100。

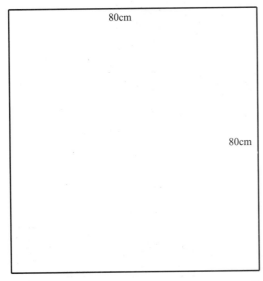

80cm

80cm

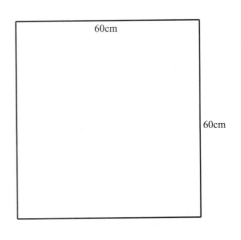

60cm

60cm

图 12 - 100

（6）蝴蝶结的多种做法

第一种，有飘带型蝴蝶结，见图 12 - 101。

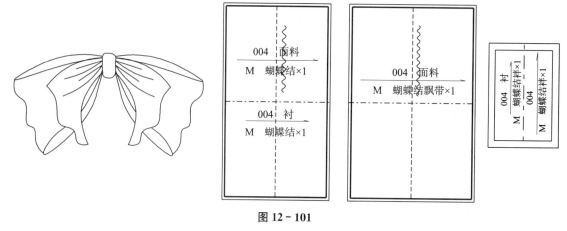

图 12 - 101

第二种,方角型,见图 12 - 102。

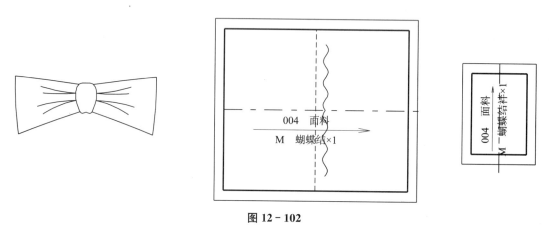

图 12 - 102

第三种,圆角型,见图 12 - 103。

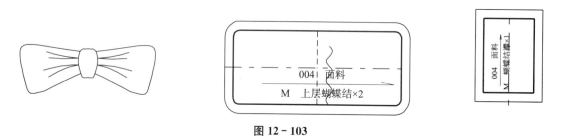

图 12 - 103

第四种,尖角型,见图 12 - 104。

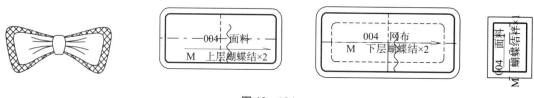

图 12 - 104

第五种,竖直并列型,见图 12 - 105。

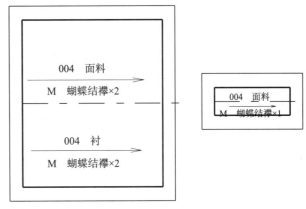

图 12 - 105

（7）短抹胸

在实际工作中，如果垂坠领的领口比较低，或者面料比较透明的款式，就要考虑搭配抹胸。抹胸原为古代妇女的胸衣，现代的抹胸也是夏季服饰中的重要单品，有短抹胸和长抹胸之分，短抹胸的长度仅护住胸部，多采用针织布、蕾丝布和网布制成，与领口比较低的款式外衣相配，既可以弥补外衣款式上的缺陷，又可以增加美感和时尚，见图 12 - 106、图 12 - 107。

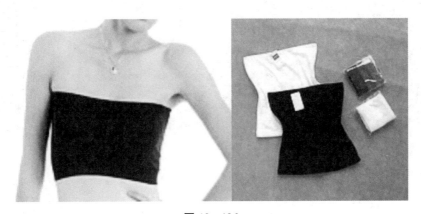

图 12 - 106

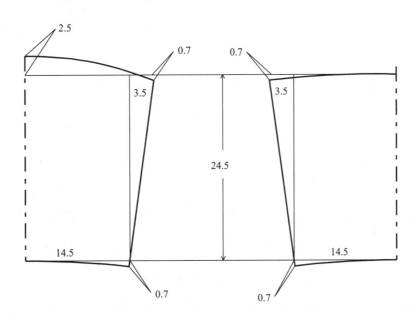

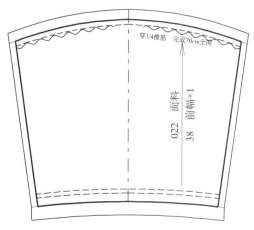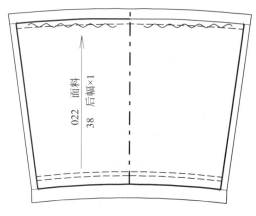

图 12 – 107

（8）印花肚兜，见图 12 – 108。

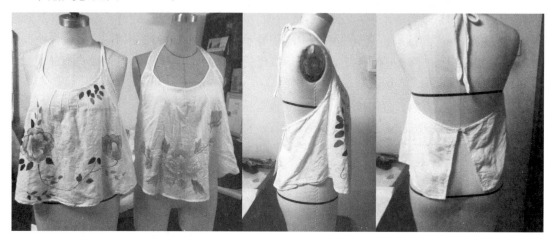

图 12 – 108

全部样片，见图 12 – 109。

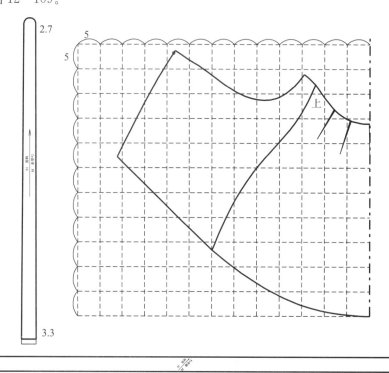

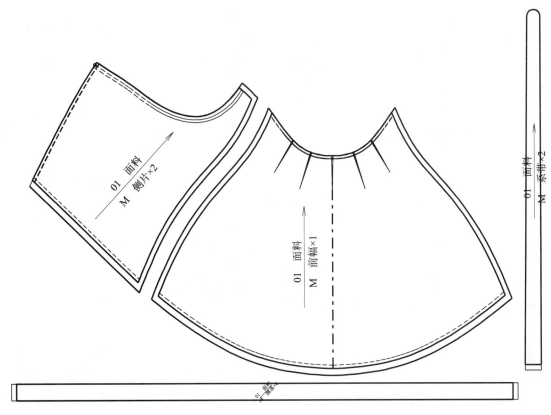

图 12 - 109

后　记

　　本书是在《图解女装新板型处理技术》的基础上,对服装板型技术做更深入的研究和整理,作者希望把更多的工厂实用经验整理出来,使服装类工具书更加实用和务实。

　　读者朋友如果有所疑问,或者在工作中遇到一些问题,都可以集中整理后,发至作者QQ,作者将在合适的时间为大家统一答复,不能及时回复时,请大家谅解。

QQ:1261561924

电子邮箱:baoweibing88@163.com

感谢大家对我的关注,祝安好,诸事顺利!

编者